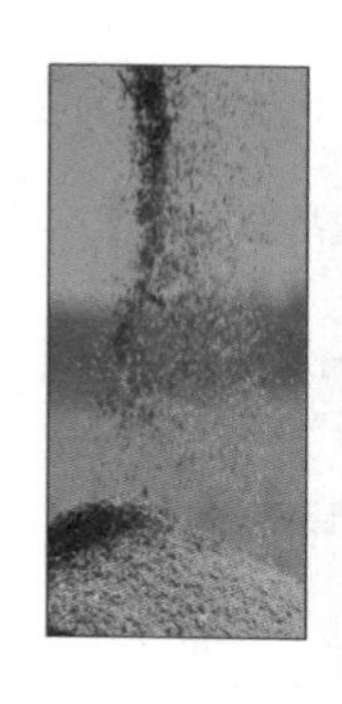

寻找中国燕麦谷

中准传媒 编著

中国农业科学技术出版社

图书在版编目(CIP)数据

寻找中国燕麦谷 / 中准传媒编著. —北京：中国农业科学技术出版社，2014.5

ISBN 978-7-5116-1543-5

Ⅰ.①寻… Ⅱ.①中… Ⅲ.①燕麦—中国 Ⅳ.①S512.6

中国版本图书馆 CIP 数据核字(2014)第 027636 号

责任编辑 张孝安 白姗姗
责任校对 贾晓红

出 版 者 中国农业科学技术出版社
北京市中关村南大街 12 号 邮编：100081
电　　话 (010)82109708(编辑室)(010)82106624(发行部)
(010)82109709(读者服务部)
传　　真 (010)82106650
网　　址 http://www.castp.cn
经 销 者 各地新华书店
印 刷 者 北京富泰印刷有限责任公司
开　　本 880 mm×1 230 mm 1 /32
印　　张 5.125
字　　数 121 千字
版　　次 2014 年 5 月第 1 版 2014 年 5 月第 1 次印刷
定　　价 38. 00 元

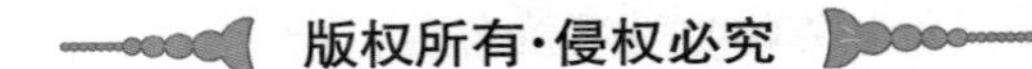

中准传媒
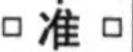

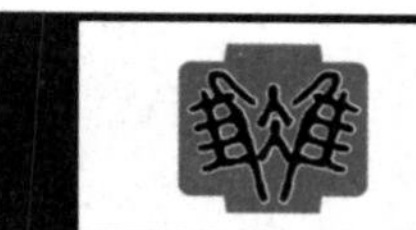

策　　划：中准传媒
图书设计：中准传媒
撰　　稿：罗飞　王朝霞
图文设计：董飞军
摄　　影：董飞军

《寻找中国燕麦谷》编委会

谨以此书

献给关注中国燕麦和“中国燕麦谷”的人们

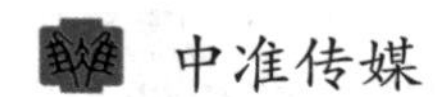

Introduction

The book Looking for an Oats Valley in China consists of two parts. The first part looks at the reasons behind and the journey undertaken in the search for an oats growing region in China or "Oats Valley". In describing this journey, all observations taken along the way are given, and, where necessary, further considerations about the soil, the farmers, and green agriculture, amongst other things, are highlighted. Based on these, the conception of "Oats Valley" is highlighted. This conception has two aspects. First the geographic aspect. The major oats producing region is located to the south and north of Yinshan mountain in the Midwest of the Inner Mongolia Autonomous Region, including the areas of Guyang county, Wuchuan county, and Wulanchabu. Second the historical aspect, and it's long history of oats cultivation and the corresponding food culture and custom. The second part of the book can be summarized as a five points introduction to the cultivation of oats in "Oats Valley". Firstly, an all-around introduction of oats in China in terms of their name, history and their origin, as well as an explanation of of oats classification. Secondly, the complete process of oats cultivation including planting the seed, germination, growing, ripening, and harvesting is introduced, after which the harvesting scene in "Oats Valley" is described. Thirdly, the introduction of oats processing and their use as food, in particular the research and development of new oats grains and its use as food. Fourthly, an introduction to the value of oats related to nutrition, human health care, facial beauty, and ecology according to related materials. Finally, a general summary is given on the current situation of the oats industry and its future development.

目录

中准传媒

策划人语

寻找中国燕麦谷 CE HUA REN YU

在中国境内众多的山脉中，位于内蒙古自治区（以下称内蒙古）中部的阴山山脉，似乎与其他族类有着鲜明的不同。这条东西走向的山脉，自古以来就是农耕区与游牧区的天然分界线。阴山南坡山势陡峭，北坡较为平缓，平均海拔在 1 500～2 300 米。

阴山之南，分布着包头、呼和浩特、乌兰察布等城市群落，之北则广生着世界公认的裸燕麦，在当地它被人称为莜麦。史料载，早在魏晋南北朝时期，阴山地区的农人就开始种植燕麦，至今阴山南北仍是我国燕麦的集中产区，燕麦种植面积约占全国的 50%，居全国之首。

这是一个生命已越千年的古老物种，它伴随着嬗变的岁月，养活了一代又一代与其相互依存的农人。

如果说中国西部延续的历史，不应该缺少它的功绩，那么生活在 21 世纪的国人，似乎对它的钟爱更有一种来自生命深处的认知。为此，我们驱车千里深入燕麦的核心产区，在那绵延数百公里的山地、平川、田野中看到了一个生机盎然的燕麦谷，一个属于中国的燕麦谷。

——罗飞

1

寻找中国燕麦谷

□ 罗飞

离开体量不小的城市—— 包头，车后留下了穿越者在这里或粗犷或细腻的印记。沿包固公路，驰行阴山，历史上著名的石门古道就静静地从汽车左侧沙沙划过。连过三个石门隧道，路经野拙而植被稀少的群山，迎面碰到几个自然分布的村落。固阳，内蒙古包头市所辖的一个偏居阴山之北的县城就到了眼前。

车过县城金山镇，其通体之感和中国北方那些大大小小的县城一样。那是一种外来人觉得大，本地人觉得小的城池模样。

从城外向北继续前行，当依山而建的秦长城也已成为汽车后视镜中的一个微物时，急雨由天而降，密急的雨珠如同战时不屈的士兵前赴后继地冲向车窗，继而被迅急的雨刷刮平。

一路向北，车速如常。蜿蜒不断的山谷，忽而见平的大地，隐约闪现于天际的雷电，让车内五人在不断变幻的视觉冲击中，渐渐接近我们心中喻之的——中国燕麦谷。

也许是生命信息的互通，燕麦这个生长于内蒙古千米海拔之上的作物，就这样在冷雨之后傲然挺立，茎并着茎，根连着根，叶与叶互相问候着接受了我们的检阅。

燕麦，初为野生，因燕雀喜食，故此得名。在西北，人们称它为莜麦。这种遍生于内蒙古阴山以北且山南亦有的植物，曾在几年前就引发过我们的关注。一部《穿越边界》之著，让我们将燕麦（莜麦）与这片土地的人与物紧密联系在一起，形成了国人餐桌上第三主粮的概念。车停燕麦地，风住雨歇，厚厚的云层下是一眼望不到边的泛着绿色长着小苗的田野。人间六月天，此刻，此地的温度只有 14℃，而其远距包头市区已达 100 多公里。它的行政称谓叫包头市固阳县西斗铺镇红泥井村。另一块牌子标着三主粮集团股份公司"天然燕麦示范种植基地。面积有两万亩，具体耕作由包头固阳三主粮农牧业合作社运行。

今天，我们将足迹深入到无论是种植面积，还是产量均居国内之首的燕麦核心生长区，意欲将这种神奇的植物和它依附的土地、山峦，做一稍显具象的扫描，让那源自两千多年的生命力，贯通在关注它的人心中，无论南北，无论中西。

据世界权威学者考证，中国的西部、地中海北岸、西亚的伊朗高原、东非的埃塞俄比亚高原是世界燕麦四大起源中心，普通栽培燕麦起源于地中海红燕麦及其祖先野红燕麦（*A.sterilis*）。而裸燕麦（莜麦）被世界权威植物学家一致认为起源于中国。1935 年，瓦维洛夫在《世界栽培作物起源八大中心》中指出："裸燕麦起源于中国"。1960 年，斯坦顿在《燕麦与燕麦改良》书中说"大粒裸燕麦（莜麦）绝对起源于中国"。1967 年，茹考夫斯基在《育种的世界基因资源》中更进一步指出："裸粒类型燕麦是地理特有类型，在中国与蒙古国的接壤地带由突变而生，因此，这个发源地可以认为是裸燕麦初生基因中心”。

一株在中国阴山以北广生，在华北北部、东北、西北、西南均有少量生长的植物一经不同时期的专家、学者严谨论证，它的存在便有了连自己都不知道的高贵。

有人认为，在世界八大谷类作物中，燕麦的国际化品牌地位，是渐渐累积而成且已无法撼动。也有人进一步推及猜测，是不是因为它的人食马饲之用，才造就了一代天骄成吉思汗率领强人壮马横跨了欧亚大陆？

无须就此再做延展，对于食用它的西部农人以及在此范围的族群来说，上千年来，由它做成的面食是一代接着一代人的活命之选，天降莜麦与斯人同生就是彼此的宿命，所谓一方水土养育一方人，可以定位其理。

今天，燕麦成为 21 世纪的优选食品，这也属于进化的必然，何以造福更多的人口，何以放大自身的价值，一切似乎皆在自然规律之中。

行走在这片漠北山野，一面深感旱作农业靠天吃饭的物力维艰，一面亦深感自己思想层面的困顿乏力。望着不远处与土地一个颜色的村舍，自己的思绪似有了信马由缰之意。

半个多世纪前，一个叫利奥波德的美国人在经历了长久的思考后，痛苦的发声“迄今为止没有一种处理人与土地，以及人与在土地上生长的动物和植物之间关系的伦理观”。

伦理观不限一国一地，它的覆盖范畴是天下；不幸的是，生存于天下的人到今天也没有看到一个心中所想的规范的世界。混乱的价值体系，结出的都是以己为本，而忽略其他的小果。

但是，眼前的燕麦却是个例外，它将自己不屈的生命置于高寒地带，广布丘陵山地，高原草甸，一生鲜有几次被雨水沐浴，它无须农人精心管护，不苛求土地上的主人“汗滴禾下土”。年景好时，它以铃铛穗中的饱满籽实供人类享用；偶遇干旱，它又会与野草结伴，以优质牧草的身份让牲畜果腹。如此循环往复几千年，它让西部中国在不断的战事纷争和历史变迁中保留了完整。

它告诉人类，无论你是倡导工业文明还是赞美农耕文化，无论你是高居庙堂还是低在陋巷，凡事都要接地气，那些能够在五光十色的世界里制造出接连不断的泡沫的人们，你们几十年生命循环的基础和地上的植物一样，一切均源于大地上最基本的元素，天下万物依附的只有不言的大地。

在中国存在了五千年的儒释道，堪称传统文化的主流，三家都在追求人与自然的和谐统一。儒家讲求“仁民爱物”，即人与人、人与物之间，犹如同胞手足，朋友兄弟，万物一体而互相仁爱。“天何言哉？四时行焉，百物生焉，天何言哉。”智慧的孔子如是说。老子言“道大、天大、地大，人亦大”，道在第一，天地由道而生，万物与人既是平等又是相互联系的。而庄子亦认为“天地与我并生，而万物与我为一”。

燕麦谷一景

显然，上连天道自然、下通人伦日用，就是生于阴山以北的燕麦给了眼前到访者的最大启示。

在这里，我们获得了一个纵深感知燕麦“力”的支点。决定以包头市固阳县城金山镇为起点，沿311省道一路向东奔呼和浩特市武川县，入内蒙古自治区中部乌兰察布市，探寻形有谷、内无际的燕麦种植区——中国燕麦谷。

一

人，既是自然之子，亦是历史之子。当越野车紧贴阴山之北，从西向东开始行走时，其不光以天地相叠的自然景象让你震撼，重要的是不时闪过带有异样的地名不断地提示你，这里是岁月层层堆积，往事早越千年的历史之谷。

固阳，战国魏惠王建稒阳城，西汉设稒阳县，秦为九原郡地，明朝为蒙古茂名安部据之，清初为蒙古游牧地。1950年，固阳县人民政府成立，岁月流逝，其后几经划归，1971年，改隶内蒙古自治区包头市所辖，至今未变。全境总面积5 021平方公里，耕地面积285.4万亩，*常年播种面积160.9万亩。

武川，最早的记载出自《北史》。公元398年，道武帝拓跋圭将其东部地区的高门弟子及豪杰两千户迁到北部居住，以镇守边塞。宇文陵“随例徙居武川”，此为“武川”一名最早的记载。

武川县地隋时属突厥，唐时属唐，明朝时，县地为西土默特牧场。康熙、乾隆年间，汉族人迁入渐多。光绪二十九年（1903年），置武川厅，为口外十二厅之一。民国元年改厅为县。中华人民共和国成立后，区划逐步演变为现境。1996年1月至今，属内蒙古自治区呼和浩特市管辖。武川地理纬度位于

* 15亩=1公顷。

北纬 41° ~43° ，是世界公认的裸燕麦黄金生长纬度。全县总面积 4 885 平方公里，县城名为可可以力更镇。

车轮驰过如此厚重的历史深谷，难免会让人感到有种隔世的温暖。无法想象早在新石器时代就有人类活动的地方，这些已被原始和现代工具轮番耕作过的土地，承载过多少生命的依托，那些百转千回的人类争斗，那些金戈铁马的反复践踏，那些一次次地壳突变的浩劫，都没有使其轻言放弃，丢掉使命。它用自己的沉默告知了世间一个真理。天不能破，地不能埋。而在其上生长的中国燕麦——莜麦，将使这个真理亘古传递。

心寻燕麦谷，眼中便有谷随车一路而行。从固阳开始那有形且真实存在的山谷远远地伸向远方，在车轮的滚动中，近可看到路之北、山之南的农人在田间耕作，那些原始图景中才有的骡马拉着耙犁在属于自家的坡地前翻地下种，路的南侧，成片的青苗以及马铃薯、荞麦、胡麻等作物的枝叶也在顽强地表现着自己。

土地、山峦、洪沟，一片草、几棵树，依山而居的村落，临路而立的镇子，让行走在燕麦谷中的人们看到了岁月静好的景象。

车入呼和浩特市武川县境内，一条完整有形的谷始终相伴左右，从未中断。宽处可骑马驰骋，且须一路扬鞭，窄处停车可到路边农家餐馆一解腹中之饥。

继续前行，一幅幅平畴沃野的景象在更宽阔的谷

平畴沃野

内展开了，大片大片的麦田，以现代人称之为规模的气概横立眼前。惊呼也罢，感叹也好，它就这样悄然出现在了寻找中国燕麦谷、定位中国燕麦谷的人们面前。天含雨雾，山风微澜，一株株平实的燕麦似乎无意与人的心绪互动，淡然地释放出一切与我无关的信息，此种高贵之气，让近者自近，远者自远……推而言之，如若人与物、人与人、人与己，都能受此熏染并加以作为，这世间似乎会平和许多。

或许是为了与阴山以北的燕麦谷呼应，向南眺望，翻过层层阴山，在内蒙古呼和浩特市经济技术开发区，一座由三主粮集团股份公司投资兴建的国内超大型的 10 万吨燕麦生产加工厂正待竣工。它的出现将使秋风再起时，那漫山遍野的燕麦籽实有了硕大的仓房和走向市场的出口。

继续东进，沿武川县城南部一路东行，天连着地、地生着燕麦，燕麦生着气势，气势释放着天意。那摇曳的一眼望不到的边的绿波装点着天地，夏风劲吹，那绿的地、绿的坡，一波一波铺展开去，再一层一层荡漾回来，如此宏阔的景象让中国燕麦谷就这样挺起了她的头颅，告诉一路寻找她的人，我，形具之、神亦具之。

一路跑着、看着、想着，沿谷而生的 311 省道就此终结，零公里路牌，羞答答地被越野车甩在了身后。它的正东方划了一个圆岛，前方变成县道，路标明示前行即为乌兰察布市。

乌兰察布市位于内蒙古自治区中部，其地形全貌自北向南由蒙古高原、乌兰察布丘陵、阴山山脉，黄土丘陵 4 部分组成。阴山山脉的支脉大青山、灰腾梁横亘中部。

当地人习惯上将大青山以南部分称为前山地区，以北部分称为后山地区。其前山地区地形复杂，丘陵起伏，沟壑纵横，间有高山。北部丘陵之间盆

中准传媒摄影师现场工作

地相间，有大小不等的平原。

这是一个历史堆积的让人有些沉重的土地，战国时期其大部分区域是赵国和匈奴的领地。西汉时，匈奴在其四子王旗境内，建立了最高的政府机关——中部单于庭。

宋朝至清代，这里是北方少数民族契丹、女真、鞑靼、瓦剌、蒙古的相继生息之地。

此地正式被命名为乌兰察布盟是在1627—1636年。岁月嬗变，2003年12月1日，国务院撤销乌兰察布盟，设立地级乌兰察布市。

乌兰察布的燕麦栽培历史已越千年。杨升《丹铅总录》称“阴山南北皆有之，土人以为朝夕常食”。作为内蒙古自治区燕麦的主产区，乌兰察布种植燕麦的面积和产量均占全区的一半。

穿越燕麦谷，到了占半壁江山的主产区。确感地之广、麦之众，一句“燕麦和天空一同成长”之语似乎能够些许表明燕麦与乌兰察布之盛。

燕麦青青游子悲，河堤弱柳郁金枝。
长条一拂春风去，尽日飘扬无定时。
我在河南别离久，那堪坐此对窗牖。
情人道来竟不来，何人共醉新丰酒。

一千多年前的李白，以丰富细腻的感情将燕麦填充在自己的思想里，一展与友如同燕麦与地的感情，令人心生温暖。其实，乌兰察布人与燕麦的情感早已相互渗透在彼此的生命里，那种相生相存的依附是此地之外的人无法全面领会的。上千年来，这里用燕麦做成的各种面食就达几十种，且日日食用，从未改弃。那些颇含乡土之意的名称，如同天语下凡尘。窝窝、馀馀、囤囤、圪团，林林总总，叫人爱之如己。

可以肯定，一种植物历经千年风雨与同样饱经日月风霜的人类，经过这样长久的磨合，早已成为一体，生则共生，死则共死。“山无陵、江水为竭，冬雷阵阵，夏雨雪，天地合，乃敢与君绝。”这是乌兰察布人与燕麦在此最为精准的相互告白。

二

穿行中国燕麦谷，让我们暂时忘却了城市，一天 12 小时的行程，视野里全都是连绵不绝的山野。将车拐入一个叫白沙泉的山谷，而后静静停立，青青燕麦就在一旁轻匀地呼吸，匀称，修长的体态，随着山风的吹拂，发出了来自生命深处的律动。“一切景语皆情语”，燕麦就这样让她的生命走进了我们的生命。如此点对点、面对面地思考燕麦谷之题，让我们和土地有了一种认知上升后的情愫。

利奥波德曾言:“人们在不拥有一个农场的情况下,会有两种精神上的危险。一个是以为早饭来自杂货铺,另一个认为热量来自火炉。”其实,这种显性的屏障在当下仍然四处存在。

就像某些国人喝过咖啡,便认为原来的茶饮被彻底颠覆,咖啡至上甚至成为一种从味觉到精神的依赖。但未过多久来自邻人所沏的茶香,瞬间就串起了他从少年到成年的味觉记忆,那是一种生命的认同,力量之强,令其刚刚形成的所谓“依赖”顿觉苍白。

以此立论,我们可以反观在全球化的背景下,农业、农村、农民在不断闪现的工业文明的彩虹下铆足全身之力奉献了自己的光和热,而城市在高速发展中获得了相应的物质成就后,将大量的工业废水和垃圾,以及触目惊心的环境污染放到了我们赖以生存的江河湖海、山峦田野之中。由此,生存还是毁灭的天问就无法遮挡的现声了。

就在我们穿越燕麦谷之时,几篇由国家主流媒体发出的报道将天问变得更具现实之意:《华北“生命之水”全面告急》,副题:污染由点向面扩展,“地下水保卫战”刻不容缓;《“镉米”背后的危与机》,副题从“鱼米乡”之殇看国内土壤污染之痛;《“生态炸弹”岂能乱投》;《北京治霾:一场不得不打的攻坚战》。

无须引述正文,标题已将现实做了精准的描述。想想眼前燕麦谷的穿越所见,那些隐隐约约闪现于山谷之中的开山挖矿,那些突然在某一山弯处平地而起的浓烟,将高耗能、高污染的存在表现得无以复加。

不要切开大地母亲的血管,不要让山河在这一代人手里破碎,不要让一切自然精华都已耗竭,不要让族群的心智可怕地归零。

“救救孩子!”这是鲁迅在小说《狂人日记》结尾发出振聋发聩的声音,今天我们是否也要发出“救救自己”的哀声?

2008年，戈尔获得诺贝尔和平奖时说了一句话:“环境不是政治问题，而是一个道德问题。”一向爱用道德拷问别人的国度,你用什么拯救自己?你用什么来阻止这些被反复蹂躏且最终被弃之如履的土地?

应该感谢眼前这无穷无尽的燕麦地,它们依谷而生,依谷而兴,它们的存在让人感到有地有粮的安全,它们的存在让国家“加速形成城乡经济社会发展一体化新格局”的提法显得那么实在。它们的存在让破解农业、农村、农民工作难题的重要性人人皆懂,它们的存在让农业成为安天下、稳民心的战略产业变得不可动摇。

粮安天下,农稳民心,如此这般,天下才能是天下人的天下。

三

中午在燕麦谷吃饭时,想到了一部片子的开头,且很难再忘。一群典型的中国农民在自己宽广的麦田间劳作，身后就是他们高低错落的村庄,旁边立着现代的农用机具。前方高速公路上浩荡急促的车流,映衬出了他们自信的安闲。一位老农抬头露笑的时候,一幅对接的画面徐徐展开:那是蓝天、白云和无数因生活富足而绽放着笑意的农人们的脸。此刻，画外音起——农业是国与民的基础财富。之所以在大脑中生成这样的画面,是燕麦谷那广袤的山野和勤劳的农人给予了直接的启示。

平均海拔在千米之上的内蒙古高原,年均降水量不足100毫米,靠天吃饭,广种薄收是其旱作农业的基本特征。

按概念理解，地力贫瘠的阴山之北无论如何也产出不了多少粮食作物。但是,穿越中我们发现,很多大的小的地块,一半在休息,问及农人,回答令人欣慰,家家地多,拿出一半土地种植即已满负荷运载,另一半土地在当年6月、9月长满野草时两次翻耕入地，这些草被埋入地下，变成有机肥料滋养地力，来年换种，年年如此。

应该说，这是在中国大地很难看到的情形，十几亿人口的数量，让中国大地因为过重的负载从来不得休息，何来休耕轮种之福。而阴山以北的土地就这样得到了上天的垂青，让燕麦的种植、生长有了天意的支撑，绵远恒久，长生不衰。

怎样发展中国的燕麦产业？怎样让阴山以北的燕麦谷成为一个战略支撑？怎样让以此而生的广大农民走上致富之路？怎样用自己的定位去融入执政党提出的新型城镇化道路？这需要不同占位的人做出不同的回答！

无疑，沿燕麦谷而存在的农村要赢得未来，必须解决好“钱从哪里来，人到哪里去，地该怎么种”这三大问题。而从散户联合走向合作化再联合，从单一生产走向产加销一体化等形态也必是未来发展之趋势。我们呼唤更多的龙头农企勇敢地站出来，以规模和效率来统领耕作，一边输出市场供应之需，一边改变农村和农民的发展模式，此为实践证明了的“真经”。

共生与对立只有一线之隔。行驶在燕麦谷的深处，检索以农为本、以农为富、以农为安的话题，内心颇有五味杂陈之感。

世界的运行变动不居，每一种状态都很难持久，这也提醒了我们“忧患意识”的重要及必需。

近年，国外媒体纷纷发声，质疑“中国对外购粮，改写全球游戏”，而从我国对应的信息看，虽然我国粮食实现了十连增，但粮食进口量也确实在增加，主要原因还是生活水平不断提高，饲料用粮、工业用粮的比例在不断提升。

这是一个需要重视的信息。

“作为负责人大国的一个基本前提，就是在粮食国际贸易上成为一个稳定性、建设性的力量。这一承诺使得 40 多个已经丧失了粮食安全和食物主权的发展中国家，以及全球近 10 亿的饥饿人群，不因中国的粮食进口政策而面临灾难性影响。”

另外，中国目前还存在贸易上的“大国效应”，中国买什么，什么就贵；卖什么，什么就贱。为此，确保粮食自给，把饭碗牢牢端在自己手里，就成了“民以食为天”的具体认知。

驱车千里，神游万仞。天色已在不知不觉中暗了下来，打开车灯，那远山近地开始有了与白天不一样的表现，山的剪影、树的轮廓，一遍遍贴近车窗，它似乎是向人耳语：你们从哪里来？要把我们带到哪里去？

一个涵盖了内蒙古西部至中部的中国燕麦谷，到底以什么样的角度与这个世界对接，答案似乎有多种多样且无须限时，但有一条，如何让中国燕麦参与国内、国际的粮食供给循环？如何让中国燕麦谷成为一个世界的地理标识？如何让内蒙古自治区因谷而兴、因谷而荣？这显然是一个需要认真且有时效的回答！

且行，且思，且感，且爱。

晚归

天之盛宴

策划人语

莎士比亚曾言：语言是有魔力的，一旦说出，就会萦绕在人的周围。《寻找中国燕麦谷》一文发表后，引发了社会各界持续、广泛的关注和热议。一粒小小的燕麦，贯穿了西部与之相关的两千多年的历史，联动了无数故去和活着的生命，激活了若干立志于献身燕麦产业的群体。

有鉴于此，如何让阴山以北的“中国燕麦谷”更加立体地呈现出它的人文、历史、地理、民俗风貌？如何让这粒神奇的燕麦还原出它的孕育、生长、成熟过程？如何让燕麦自身的营养价值被更全面的认知？这就促成了我们再度进入燕麦谷，以“横看成岭侧成峰，远近高低各不同”的素描，来呈现关于燕麦谷及燕麦的支撑所在。

数次进入中国燕麦谷，以燕麦为主题的思想盛宴，充实了我们的胃口。于是，“燕麦谷里话燕麦”便如同一条清澈的小河，流进了我们的构思。这期间，兴奋、喜悦、焦灼、劳心、如同河水的浪花，一同糅进我们对青青燕麦的热爱。

文字是跳跃的灵魂。怎样让我们的构思落地？怎样让我们的文字进入读者之心？于是，经慎重考虑，中准传媒将“燕麦谷里话燕麦”写作的重担放到了特刊部王朝霞同志的肩上。朝霞在特刊部同仁的通力协作下，连出六章长文，完成了工作。第一章对燕麦这个古老物种的名称、源流和踪迹进行全方位追溯；第二章将燕麦的春耕、秋收以及在燕麦谷的所见所感，一一记录；第三章和第四章侧重介绍燕麦的食用，包括传统面食的制作，以及新型产品三主粮燕麦米的研发和食用；第五章就燕麦的营养、保健、美容及生态方面的价值做了一定的功课；第六章概述了燕麦产业的现状，介绍三主粮集团在引领燕麦产业化之路的作用。

中国燕麦谷是一个大有作为的地方，春耕、夏耘、秋收、冬藏，依然是这里的农人不断循环的生存姿态，而有志根植于农村大地，甘愿向国人献出“第三主粮”的人们，已经通过自己的作为，赢得了人们的敬意。

一分耕耘，一分收获，与扶犁荷锄的农人，同在燕麦谷厮磨，我们在感慨燕麦近乎完美的生命体征的同时，亦生发了与古人同样的“万物静观皆自得，四时佳兴与人同”的幽思。

中国以农立国，人与土地的共生，形成了天道自然。在此，我们深愿生活在中国燕麦谷的人们，能因燕麦走进了更广泛的人群而富裕，也愿生于燕麦谷的中国裸燕麦，以自己的恒久绵长造福中国，润泽世界。

——罗飞

2

燕麦谷里话燕麦

□ 王朝霞

“敕勒川，阴山下，天似穹庐，笼盖四野。天苍苍，野茫茫，风吹草低见牛羊。”因为这首《敕勒歌》，我们在年少的时候，就知道阴山，向往着塞北的苍茫辽阔。

阴山，蒙古语名为“达兰喀喇”，意思为“七十个黑山头”。这座横亘于内蒙古自治区中部的古老断块山，东西绵延长达 1 000 多公里，海拔高度为 1 000～2 330 米，仿佛一座巨大的天然屏障，同时阻挡了南下的寒流与北上的湿气。阴山南北年降水量都很少，南麓的雨水相对充沛，但气温差异显著，山南风小而少，山北风大而多。也因此，阴山山脉自古以来就是农耕区与游牧区的天然分界线。

不知从什么时候起，莜麦选择了这块土地。有一句民谣这样描述：“阴山莞豆阳山糜，高山莜麦堆成堆”。莜麦在这座贫瘠的高原顽强生长，在收获的季节麦垛成堆，成为这里的“珍贵之粮”，素有“甲天下”之美誉。

但是，在国外久负盛名颇受青睐的燕麦，依然并不为国人熟知，很多人不了解燕麦，问及莜麦，更是茫然摇头，不识为何物。燕麦的名字是怎么来的？燕麦和莜麦，是同一种植物吗？燕麦，在内蒙古中西部的历史上，曾留下怎样的痕迹？

古老的物种带着她千年的沧桑，重新走进了我们的视野，燕麦谷里话燕麦，不妨让我们的笔触寻绎得更远些。

问名

历史上，中国燕麦有很多名字，翻开史书，总能瞥见燕麦的影子——

《史记· 司马相如列传》(公元前 104 ~ 公元前 96 年)在追述战国轶事中提到“簛”，按孟康(三国广宗人、魏明帝任弘农守)的注释：“簛，禾也，似燕麦”。《尔雅·释草》(公元前 476 ~ 公元前 221 年)提到“蘥，雀麦”。晋郭璞注：“即燕麦也(蘥，音 yuè)。”古乐府“田中燕麦，何尝可获”，推测是混迹田间的野燕麦。这是关于燕麦较早的记载。

明代对燕麦多有关注，“雀麦”，即野生燕麦，在荒野中顽强存活下来的植物。比如：

徐光启《农政全书》卷五二《雀麦》：雀麦，《本草》一名燕麦，一名蘥，生于荒野林下。……结穗像麦穗而极细小。

黄自烈《正字通》:麦,《穆天子传》"爰有埜麦",与燕麦同。《内经》谓之阿师。埜,野的异体字。

杨慎《丹铅总录·花木·乌昧草》:乌昧草,即今野燕麦,淮南谓麦曰昧,故史从音为文。

李时珍认为燕麦是雀麦的别名,在《本草纲目·谷部》第二十二卷对"雀麦"作了详注,附录如下:

谷之一 雀麦

《唐本草》

【校正】自草部移入此。

【释名】燕麦(《唐本》)(音药)、杜姥草(《外台》)、牛星草。

时珍曰:此野麦也。燕雀所食,故名。《日华本草》谓此为瞿麦者,非矣。

【集解】恭曰:雀麦在处有之,生故墟野林下。苗叶似小麦而弱,其实似广麦而细。

宗曰:苗与麦同,但穗细长而疏。唐·刘梦得所谓"菟葵燕麦,动摇春风"者也。周定王曰:燕麦穗极细,每穗又分小叉十数个,子亦细小。春去

青青燕麦

皮，作面蒸食，及作饼食，皆可救荒。

“雀麦”自草部移入谷部，说明当时的人们对燕麦的认识发生了很大的变化，不仅注意到燕麦与小麦、广麦的异同，而且意识到田间废墟间燕雀所食的杂草，不知何时已经进入稼穑轮回，可去皮磨粉食用，在荒年充饥果腹，更可以种植栽培。

至于莜麦一词，出现较晚，源自“油麦”这一异名。吴其濬《植物名实图考》及晚清以后的地方志称燕麦为“油麦”，清朝人沈涛《瑟榭丛谈》卷（上）提到：“油麦形似小麦而弱，味濇微苦，核之《本草》，当即燕麦。油，燕声之转耳。”原来，燕麦这一物种在迁徙过程中叫法发生音变，燕麦就成了油麦，“油”常常用来形容含油的特性，而“油麦”中的“油”只是用来记录词语的读音，如果用油麦则易发生误解，以为此草本植物含油很多，所以取“莜”舍“油”。自此，多数种植区才逐渐统一称之为“莜麦”。

“篰”、“蘥”、“雀麦”、“燕麦”、“错麦”、“阿师或迦师”、“埜麦”、“乌昧草”“雀角草”、“破关草”、“杜姥草”、“柝草”、“油麦”……中国燕麦几经蜕变，其名颇有些扑朔迷离。另有争议的是雀麦与燕麦，有认为雀麦即燕麦的，也有认为雀麦和燕麦实是两种不同的植物，不过是因为古书中多数混为一物了。在漫长的历史变迁中，这一古老的物种，携带着神秘的植物基因和厚重的文化密码。

我们再来看看词典的释义。《现代汉语分类词典》如此界定：

【燕麦】麦的一种，一年生草本植物，叶片细长而尖，茎直立光滑，籽实可供食用，也可作饲料。

【莜麦 油麦】一年生草本植物，叶子扁平而软，茎直立丛生，种子成熟后容易与外壳脱离，籽实可磨成面粉供食用。又称“裸燕麦”。

——《现代汉语分类词典》,汉语大词典出版社,1998.105.

《农业大词典》说得更为详细:

【燕麦】*Avena sativa L.*,禾本科,燕麦属。一年生草本。须根发达。秆直立光滑。叶鞘光滑或有微毛,无叶耳。叶舌大,膜质透明,顶端尖锐,边缘有锯齿。圆锥花序。穗轴直立或下垂,具有薄而长大的护颖,内含2~6朵小花,多为3朵。芒着生于坚硬外稃的背脊部或无芒。颖果呈纺锤形,上被稀疏茸毛。按成熟时内外稃紧包籽粒与否,有裸燕麦和皮燕麦之分。一般所称之燕麦主要指皮燕麦;裸燕麦也称莜麦或油麦。籽粒供食用或作饲料。茎叶青饲或制干草,也可作造纸原料。

原来,同为一年生草本植物的燕麦和莜麦,属于同一个家族——禾本科燕麦属(*Avena L.*),是重要的饲草、饲料和粮食作物。燕麦粮饲兼用,籽实几乎全部食用。

燕麦是属名,《中国植物资源》中提到:"燕麦属全世界约30种,分布于欧洲地中海区、北非、西亚及东亚。本属中作为粮食栽培的有两种,一种为带稃的燕麦(*A.sativa*),是欧洲普遍种植的作物,另一种为中国产的与稃分离的莜麦,学名订正为*A.chinensis*,是原产于中国西北黄土高原的重要谷类作物。"

在中国广袤的大地上,东北称之为"铃铛麦"、西北称之为"玉麦"、西南称之为"燕麦或莜麦"、华北称之为"莜麦"的植物,说的都是同一种农作物——裸燕麦。因此,广义上的燕麦是指燕麦属的所有种类,是燕麦与莜麦的总称。在中国燕麦谷,燕麦即莜麦,莜麦即大粒裸燕麦,莜面,就是燕麦粉。

溯 源

燕麦在华北北部、长城内外和青藏高原、内蒙古、东北一带都有栽培，但是，其发源和发展地域，却在内蒙古高原中部这一狭小的土地上。

自然环境对人类最初的植物驯化和栽培种类起了决定性作用。当人类还没有栽培作物的时候，先民依靠渔猎和采集野生植物的块根、嫩茎叶、种子、果实生活。他们也贮藏一些食物，以备采集不到的时候果腹，还发现干燥的禾草科植物的谷粒最容易保存。有些抛撒在住所附近的谷粒长出了幼芽，聪明的先民逐渐观察到这些植物的生长并在其成熟时收获，久而久之，就尝试自己动手播种。这样就创始了农业。在新石器时代遗址中发现了谷子、黍、小麦和稻的遗迹，可见在原始农耕时就已经栽培这些粮食作物了。在西安半坡村新石器时代遗址中，不论在住宅、窖穴还是在墓葬里，都发现谷子壳的遗迹，其中，在一个窖穴里甚至有多至数斗已经腐朽的谷子皮壳。禾本科粮食作物的栽培，大概有六七千年的历史，可能多至1万年。

在如此漫长的植物驯育过程中，黄河流域最早栽培的是粟（谷子）、黍（脱离后俗称黄米）、菽（大豆）、麦、麻等耐旱耐寒作物。粟和黍，因其适应性广、耐干旱、耐瘠薄、抗逆性强而最先被驯化，另外，菽、麻、麦等也是中国北方栽培最早的作物，长江流域最早驯化的作物是水稻。

燕麦的历史一直比较模糊，在公元前的历史记载中出现较少。相传在公元前几千年，莜麦就和小麦大麦混生在一起，我们的祖先不认识它，在人类学会栽培和利用燕麦之前，它经常被视为田间杂草除去。燕麦至今也不曾拥有粟、稻、麦作为主要粮食作物的辉煌和荣光。

目前发现的古老的燕麦籽粒，大约来自公元前2000年的埃及王朝，据

岁月里的燕麦谷

说在瑞士的洞穴中考古发现属于青铜时代的栽培燕麦品种。在中国，明中叶之前的文献中虽一再提到燕麦，但极少谈到栽培和食用。而中国燕麦的历史，也可称得上悠久，可上溯到《尔雅》释草篇关于“蘥”的记载，燕麦的种植至少已有2 100年的历史，正如《中国农业遗产选集》所指出：春秋战国时代已经有燕麦这一作物。

世界权威植物学家认为，裸粒型燕麦是中国起源的特有谷物资源。

1881年，英国皇家亚洲协会华北分会布列斯尼德中国植物杂志（十六卷资料Ⅲ）记载：裸粒燕麦在中国5世纪已有栽培。

1935年，瓦维洛夫在《育种的理论基础》一书中提到：“经常发现极其有趣的原始隐性类型，这是自交或突变类型的结果。我们有大量的这类事实，由此揭示了一些有趣的规律，例如，中国的特点，是由新起源地引种到这里的次生作物存在特殊的类型。裸粒是典型的隐性性状，大粒裸燕麦可能是这些隐性性状分离出来的，与中国古代育种者已进行的选择有关。”1960年，斯坦顿的《燕麦与燕麦改良》一书中写到：“裸粒大粒食用燕麦，遗传性状与欧洲栽培燕麦是有关的，其特点是染色体数目相同，彼此间很容易杂交……绝对来源于中国。”1967年，茹可夫斯基在《育种的世界植物基因资源》一文中提到：“裸粒类型燕麦是地理特有类型，在中国与蒙古的接壤地

带由突变产生。因此，这个发源地可以认为是裸燕麦的初生基因中心。……它具有多花型和大粒型。”

有趣的是，瓦维洛夫认为燕麦排挤了小麦成了独立的作物，燕麦这种田间杂草，是随着古代二粒小麦栽培的向北推移过程中携带的。所以要关注古代二粒小麦的发源地，它可能就是燕麦原始基因的保存地。至于后来燕麦力排小麦而“独占山头”，只能从某种意义上说，燕麦的生命力更顽强。

经过大量的资料收集和反复论证，栽培植物起源中心学说提出燕麦有四大起源中心：中国的西部、地中海北岸、西亚伊朗高原一带、东非埃塞俄比亚高原，虽然这一观点尚未获得考古证实。

中国的西部，应该就是茹可夫斯基所说的中国与蒙古的接壤地带，是“裸燕麦的初生基因中心”。但是，因为古代文献中将小麦、莜麦、荞麦等农作物统称为“麦”，未加以细分，因此，不容易确定燕麦在内蒙古最初种植的时间。当然以阴山南北麓为主的内蒙古中西部地区莜麦种植历史悠久，国内外均有认识。日本学者中尾学士在《莜麦文化圈》一文中认为内蒙古山岳地带的原始居民曾广泛栽植莜麦，“是中国太古时期的农作物”。以研究中国饮食文化出名的日本学者篠田统根据现在内蒙古地区的主要作物仍是荞麦、莜麦这个事实，“完全可以推测出中国古代人是以某种形式，利用了

秋日丰谷

这些植物”。

近年来，加拿大著名的燕麦育种专家布罗斯多次访问中国，他在不同场合表达过同样的意思：裸燕麦是中国的孩子，燕麦的根在中国。

行走在燕麦谷，青色的山峰，起伏的丘陵，弥望着的层层麦田，低掠的飞鸟，在眼前变幻出一幅幅风景。如果问田里忙碌的农人祖上是从什么时候开始种莜麦的，他们肯定很奇怪地看着你，他们吃莜麦长大，熟悉莜麦就像熟悉自己一样，祖祖辈辈生活在这片土地上，自然是“从古时候起就种莜麦”。在阴山北麓“莜麦之乡”固阳县，也许在某个农家小院或者打谷场里，可以见到莜麦种植加工的古老农具，如犁、耧、耙、碌碡、石碾、连枷、石磨盘，它们静静地讲述着悠久的燕麦种植加工历史。

寻踪

如果面对一张标记着燕麦种植区域的中国地图，你会发现主产区集中在华北地区，特别是内蒙古阴山南北，呈现很密集的带状分布，其余如西南、西北，不过是零散的点。但是，历史上燕麦曾在广阔的中国大地上漫游，南至湖北、湖南甚至广东一带，北至内蒙古高原和东北的三江平原，西南至云贵高原、青藏高原，西北至陕甘地区，皆有燕麦的足迹。

1981 年，中国农业科学院作物品种资源研究所进藏考察人员，在松赞干布墓的佛像中发现了燕麦籽粒，次年又在西藏昌都地区采集了古老的裸粒栽培燕麦。与《唐书·吐蕃传》中记载青藏高原一带早已种植着一种莜麦可互为印证。可见一千多年前，燕麦已在西南山区作为农作物栽培了。

方国喻撰著的《纳西族象形文字谱》，考证了纳西族的《东巴经》中有关燕麦的象形字，而《东巴经》著于公元9世纪左右。燕麦是彝族早期种植的作物，相传是彝族祖先最爱吃的东西，至今彝族祭奉祖先必用燕麦糌粑。诗人俄尼·牧莎斯加是四川凉山人，彝族远古曲涅部落的后裔，他在长诗《神灵的燕麦》中写道："在多少个吉祥的子夜，当万籁阒寂，我们的父母便开始和好你的清香，烤熟荞粑，用洁白的公鸡敬仰过世的先祖，默无声息地祈求与祝愿……"。诗中反复表达着对燕麦的虔敬之心——

当五谷填饱了粮仓的肚皮，我们过年

我们过年

美酒和烧肉

在你的陪同中，燕麦，神灵的燕麦，敬放在了神龛。

……

燕麦，神灵的燕麦啊——

乞求先祖：给我们睿智和聪慧。

给我们流不尽的汗水。

给我们玉石般落地有声的泪水。

燕麦作为祀奉祖灵的祭品的习俗流传了下来，中国农业科学院作物品种资源研究所于30年前在云南地区考察时，访问当地少数民族，他们仍然保留了用燕麦祭奠祖先，敬奉神灵，招待贵客的习俗。《云南通志》记载："燕麦状如鹊麦，夏种秋熟……土人以为乾糇，有饭、糯两种"。

另有《维西见闻录》记载："夷人炒而舂面，入酥为糍粑，其味如荞面细，耐饥，穷黎嗜之，性寒，食之者多饮烧酒，寝火坑，以解其凝滞"。中国古代少数民族的分布有南蛮、北狄、西羌、东夷之称，文中的"夷人"指我国东部少数民族。黎族古居广东省，说明古代广东省也有燕麦。《湖北通志》物产谷属中也提及燕麦，该省西南的《来凤县志》记载："燕麦农家以为佳种是较大，小麦尤良"。《延绥县志》记载："燕麦与江淮同，榆人多种之，九月收其实，细如小麦，不甚有稃，炒食佳"。但是，现在华中地区、江淮一带燕麦几乎绝迹，当地人只能在想象中品味这种"炒食佳"的美食了。

《甘肃通志》也有记载："燕麦一名首麦……唐于泾渭间置八马坊地二百三十顷，树苜麦、苜蓿，可饲牲畜，且不待粪壅，故种植者颇获其利。"说明在唐代就总结出燕麦与苜蓿的草田轮作制。《陕西通志》商州者记载："有老燕麦、小燕麦二种。"明《授时通考》记载："和顺县土产麦、春麦、雪麦、大麦不多种，油麦性寒多种，种五谷之半……霜前收，可佐二麦之欠。"

内蒙古阴山一带燕麦种植与食用的历史久远，《内蒙古农牧业资源》一书考证，呼和浩特地区（含阴山南北）裸燕麦的栽培历史约有 1100 年。但是相关记载并不是很多，杨慎的说法多为人们引用。

杨慎，字升庵，明中叶四川的状元郎，一个传奇人物。你很难想象在明朝中叶的时候，远在西南边城的杨慎，竟然在他的著作中提到过阴山南北的"油麦"。在他贬谪云南的三十多年里，以一己之力传播汉族文化，在西南一隅树起一座文化的丰碑。《明史·杨慎传》称其"明世记诵之博，著作之富，推慎为第一"，内容涉及史哲、天文、地理、医学、生物、金石、书画、宗教、语言、民俗等十多门学科。就在《丹铅总录》一书中，杨升庵提及燕麦："阴山南北皆有之，土人以为朝夕常食"。"朝夕常食"，可以想象当时燕麦在内蒙古地区普遍食用的情形。

清代，内蒙古中西部地区的民众已经熟练掌握莜麦的种植加工技艺，"油麦"的名称延用下来，如张曾所著《古丰识略》记载："油麦一种，性耐寒，而畏霜，关外种者极多。"《绥远通志稿》也称："莜麦，一作油麦，即燕麦也，旱瘠之地亦宜播种,(阴)山前、山后各县均广种之。"绥远位于内蒙古西部地区,清朝时归山西巡抚管辖。清乾隆七年,山西布政使严瑞龙在一道奏折中称:"存谷、米、莜、麦一百七十六万六百余石,合计似有余,分贮实不足。今岁收成,统计九分有余,应广为采买,以实仓储。"从奏折中提到的"广为采买",可以想象当时"莜"种植区域之广。

道光年间,法国传教士古伯察将自己在中国西北地区包括内蒙古、宁夏回族自治区、甘肃、青海、西藏自治区的考察经历撰写成《鞑靼西藏旅行记》一书,书中记载了他在归化城(今天呼和浩特旧城)的见闻,"蒙古人把大群的牛、马、羊和骆驼赶到那里,同样也用车子把皮货、蘑菇和盐巴运往那里。作为交换,他们在回程时运走的是砖茶、布帛、马鞍、莜麦面、小米、炊具,以及供

夏花灿烂

佛用的香。”莜麦面就是燕麦粉，当时莜面不但是归化城的主要食品，而且已经影响蒙古族的饮食习俗。

民国初年，莜麦在绥远省，广泛栽培，当时在西部地区8个县的调查表明，莜麦栽培面积已达200余万亩。20世纪20年代，日本东亚同文会曾调查当时呼和浩特的商业规模，称“从事零售业者有20来户，销售面粉、黄米面、莜麦面、米粉、胡麻油等，并兼营杂货，属青龙社。”新中国成立后，莜麦播种面积有了大幅度扩大，据《内蒙古自治区农业科学院志（1950–1990）》记载，内蒙古地区一直都是全国莜麦的主产区，莜麦播种面积占全国莜麦总播种面积的30%以上。

现在，阴山南北仍是中国燕麦的集中产区，种植面积约占全国的40%，居全国之首，莜面依然是这片土地的特色主食。走在阴山南麓的城镇村落，随处可见专门的莜面馆，就餐时分食客盈门。据说新中国成立前呼和浩特（当时叫归绥）有名的旧城大召，就在东厢长廊专设过莜面馆，门庭若市，许多“老归绥”至今津津乐道，虽然店小二那有调有韵儿的叫卖声，伴随着“咔——嗒——咔嗒——嗒”的拉风箱声已经成为遥远的记忆。

辨类

说起来，燕麦的起源一直比较模糊，与燕麦有太多的种或亚种有关。我们即使站在一片燕麦地里，要区分不同种类的燕麦，恐怕也很难。有一篇文章里作者回忆初识燕麦，先是看到蓝天下一望无际的绿色海洋，那种朴素的鲜艳装点着夏天，生机勃勃地扑进眼帘，“我还不识那物儿，问田里锄地的人才知那就是莜麦，深绿色的叶子与小麦相似，它们比小麦要高得多”。

辨麦

专业的区分则要精细得很，外稃的颜色，芒的形状，小穗的形状，都是区分不同类型的依据。我们曾经好奇地询问三主粮天然燕麦种植基地的小伙子，“燕麦的花是什么颜色的？”他干脆地说，燕麦是不开花的。这颠覆了我们一贯的认识，燕麦不是“开花铃铃多，霜打更结颗”的植物吗？

燕麦当然是开花的，燕麦的小穗俗称铃铛，一般每个小穗着生 3 到 7 朵花不等，所以，燕麦不仅是开花的，且多花多粒性还是中国裸燕麦的显著特点。可见人们对燕麦多有误解。

下面一段文字，回忆了儿时春天“拔燕麦”的场景：

在儿时我经常跟父亲去莜麦地拔草，特别是要拔掉一种叫“燕麦”的植物。……父亲拔掉燕麦有自己的理由，因为燕麦最里层的麦壳紧紧的裹着麦粒，就如一个过分溺爱孩子的母亲孕着自己的孩子，舍不得分娩，生怕被风吹日晒一样。而不愿意分娩孩子的母亲粘着孩子成为害群之马，农民没有时间强迫她做剖腹产，所以在燕麦成长的时候干脆连根拔掉。

在莜麦田里拔掉的“燕麦”应该是野生皮燕麦，农人管它叫“野燕麦”或“草麦”。生命力顽强的野燕麦种子随风落在田里，开春后和小麦长在一起，青苗儿的时候，形状差不多，都绿油油的。这时，农人拿它没办法。只有等长高了，秀出穗儿来了，燕麦一般都要比小麦高出一截，这时，农人就家家下地薅燕麦，一薅一大抱，丢在田头，有牛的人家用车拉回家喂牛，是上好的青饲料。农人既不喜它争夺莜麦生长土壤的养分和水分，也头疼其成熟后外壳与籽实难以剥离，混杂在裸燕麦种子里，影响加工和食用。但是野燕麦的籽粒和茎秆均是上好的饲料，也算物尽其用。相传，成吉思汗跃马横跨欧亚大陆，从波罗的海到太平洋，从西伯利亚至波斯横跨欧亚大陆，建下丰功伟绩，就是因为战马的饲料大多数为燕麦，马吃饱后跑得快，且耐饿长久。

燕麦的资源与品种,在漫长的历史长河中经自然选择和人工选育演化出不同的物种(变种)和多样的品种,加之从国外引进的许多燕麦种质资源,因而更加丰富。中国现有燕麦物种 27 个,分类方法有多种。

按照外稃的性状,分为两类:带稃型的普通燕麦(俗称皮燕麦),又以小穗的“蹄口”差异,分为野生种和栽培种;无稃型的裸燕麦(俗称莜麦),按籽粒大小,可分为小粒裸燕麦和大粒裸燕麦。

按照染色体倍数,燕麦被分为三大类:二倍体种,包括长毛燕麦、长颖燕麦、偏肥燕麦、裸粒短燕麦等;四倍体种,包括细燕麦、瓦维洛夫燕麦、摩洛哥燕麦等(二倍体种和四倍体种,均为野生燕麦);六倍体种,包括普通栽培燕麦、野燕麦、裸燕麦、地中海红燕麦、野红燕麦、东方燕麦等。

世界各国主要栽培六倍体带稃型的普通燕麦、东方燕麦和地中海燕麦,中国以大粒裸燕麦为主,占燕麦种植总面积 90%以上,籽粒以食用为主。

此外,还可以从用途上进行分类,可分为饲草燕麦与食用燕麦。世界燕麦食用消费量在 20%左右。还可以根据播种季节的不同,把燕麦分为春燕麦和冬燕麦,世界种植品种以春燕麦居多。

燕麦的分类,经历了 200 多年的探索,由外部形态为标准的系统分类过渡到以染色体组为依据的细胞学分类,这一方法被视为燕麦分类的重大进步,在形态学分类领域自然功不可没。但是,当我们站在田间地头,燕麦动摇于风中,起伏于阳光下,码放在场院里,我们观察所见,还是花序的形状、叶片的宽窄、芒的长短粗细弯直以及种子的特点等直观的外部形态。

3 燕麦成长记

寻找中国燕麦谷
XUNZHAOZHONGGUOYANMAIGU

在内蒙古阴山南北这片浸染着阳光的土地上，一粒燕麦种子在经冬的土壤里孕育，在北方乍暖还寒的春天里萌芽，破土而出的新苗沐浴着阳光雨露，长出亭亭玉立的枝茎，舒展着长而狭窄的叶片，拔节抽穗，花开籽熟，又回归到新的种子。这真是一件奇妙的事情。

走过田间地头、场院磨房，感受农人的忙碌也分享他们的喜悦。播种、施肥、除草、浇水、收割、加工，一年四季辛勤劳作中，他们和燕麦彼此相依，世代陪伴。而倾听他们讲述燕麦的种植和培育，深感燕麦就是他们心中倔强的孩子，他们熟悉她，揣摩她的脾性，顺应她的成长。

可以说，燕麦的一生，就是农人的一生。

播种

“谷雨早，小满迟，立夏莜麦最当时。小麦先种，莜麦后跟”。这句农谚道出了燕麦播种的适宜时期——立夏时节。北方春播燕麦一般于 4 月上旬至 5 月上旬播种，这时生长环境适宜种子发芽、幼苗初长，小麦播种在先，燕麦紧随其后。

播种前最重要的事情是种子的处理，三件事：选种、晒种和拌药。选种，顾名思义，就是选出粒大饱满的种子，好种子养分多，生命力强，发芽率高，出苗快，生根多。怎么选？风选或者筛选，用簸箕、风扇、筛子等，借助风力或

播种

通过旋转，把轻重不同的种子分开，除去混杂在种子里的稃壳、茎屑以及秕粒。选好之后，再把种子放在泥水或盐水中搅拌除去残留杂物。晒种，在清水中淘洗过的种子薄薄地铺在平坦干燥之处，在阳光下晒上三五天，经过晾晒，种子的生活力提高了，还可能杀死一部分附着的病菌。拌种，就是用一定比例的农药拌在种子里预防黑穗病。

农人不失时令，用犁头、锄头、耙子耕耘、整饬着土地，在长期的实践中积累了丰富的经验，代代相传。他们熟悉土地，也熟知燕麦，善于因时因地作出调整。比如，播种期据环境气候条件改变，阴山两侧气候冷凉，适时迟播以便更好地利用夏季雨水与光热资源；旱地燕麦则要注意调节播种期，使需水盛期与当地雨季相吻合。为避免干热风危害，土温稳定在5℃时即可播种，秋翻前宜施用腐熟、半腐熟的有机肥料作基肥保养土地，播种时可用种肥，灌溉地要选用抗倒伏、耐水肥、抗病的良种……

下面一段文字，可以让我们了解燕麦播种的长久准备和精细劳作。

在前一年的冬季，我们就得做好播种前的准备工作。我们先砍下很多杂草或者灌木树枝，晒干后，堆成堆，上面盖上泥土焚烧。烧透后，用人畜粪便浇灌搅拌均匀。然后，堆成堆，用稻草盖好，让其自然发酵。到了播种的时候，才把粪堆挖开，拌上燕麦种子，搅拌均匀。用条播或者点播的方式种到地里。一般是男人挖沟条或者穴，女人丢下拌有种子的草木灰肥料，男人再挖土掩埋。

想象一下，在春天的燕麦谷，蓝天高远，原野空旷，山色遥青。在布谷鸟声声啼鸣中，农夫在前挖沟开穴，农妇在后撒种施肥，配合默契。这不过是旁观的视角，而真正经历过春耕的人，方能切实体会到那份辛苦。燕麦谷的春天风大，播种不易，有时候，女人们得用笸箩簸箕挡住风，男人们才能把粪和籽种点播进墒沟。在农村长大的人，体验过经历过的农事辛苦深深烙印在记忆里，纵然时隔多年，始终难以忘怀——

每年春起，天还是漆黑一片的时候，老年人已经在呼喊着青壮年人牵牛背犁。清晨，我们一群孩娃出去给大人们送饭。那弯弯曲曲的黄土路上，到处摇响了送粪车那隐约的骡铃。从南山上往下望去，四野里移动着一些细碎的黑点，有吆牛的声音微弱地传来。春耕苦，抓粪点种的人肩上挎着粪笸箩，顶在肚子上，两手不停地把粪和莜麦种均匀地点进墒沟，从天亮一直走到天黑。

传统燕麦种植因农具不同，有两种方法：有畜力牵引的耧种和犁耕。耧播是历史悠久的方法，先将种子选好，拌上沤好的农家肥，用三条腿或双腿的木耧播种，前边牲畜拉，后边人扶耧，边走边摇，将种子均匀地撒在地里，再用砬砘镇压，使其落子均匀、出苗整齐。犁种，是宽幅密植的方法，一般是在水肥良好的滩地里进行，前边一人牵着牲畜拉犁把地耥成渠，后边一人肩上挎一籽种袋，左手握一根竹筒子，右手将籽种顺着竹筒子均匀撒下，边走边撒，下一犁将已撒下的种子掩埋。

现在播种，基本上采用拖拉机牵引的机播，新式的机械取代了过去的木耧，落子疏散均匀，效率极高。根据种子在田间的平面分布方式，分为两种：条播与点播。条播是目前较为普遍应用的播种方式，且因条播机比较普及而较为易于施行。条播时需按一定的行距开窄条沟、无株距播种。有宽行播种与窄行播种之分。点播亦称穴播，是按一定的株距开穴播种，通常顺行开穴，亦可无规则开穴。此方式便于土地不够平整地块的播种，能节省种子，田间管理也方便，只是没有点播机的情形下，播种较为费工。另有带播，亦称宽带播种、宽幅播种、撒条播，按一定的带距，拓开带状宽沟，沟内无行距、株距播种。

早春先行

燕麦是好养活的作物，在年降雨量过少、土壤瘠薄的地区，采用种绿肥压青后种燕麦，可获得增产。土壤瘠薄的地块，也可连续采取轮歇压青休闲的轮作制。如今燕麦食用需求量很大，再加上多种肥料的使用，燕麦种植早已放弃了原先的轮作制，而采用一年一熟制。但是，不宜连作，连作时不仅病害重，还会造成某些养分的缺乏。所以，必须实行合理轮作倒茬，以豌豆、蚕豆、扁豆等早熟豆科作物作前茬，也可与玉米和豆类进行间作套种。农民往往选择前茬作物是豆类、马铃薯等农作物的田地作为莜麦的种植地，通过换茬与套种来保证燕麦的产量。

“一年之计在于春”，耕耘的快乐与艰辛只有置身其间，才能体会得到。在包头市固阳县西斗铺镇红泥井村，我们适逢三主粮集团有机燕麦种植基地的“拓耕节”活动。

那些远离乡村的城里人，春耕之乐之苦都遥远得无迹可寻，所以，能走进田垄点播种子，推推石碾子，在炒燕麦的清香里，看能干的村妇展示传统燕麦制作的技艺，近距离观察马拉犁原始耕作……贴近大地的感觉如此新奇和令人激动。当满载农家肥的 90 多辆拖拉机轰隆隆驶向广袤的原野时，当一字排开的播种机把种子撒进大地、在平整深耕的田里一趟趟往返后，播过的麦田垄行分明，种子携着收获的希望一起埋进土地里，空旷的田野珍藏着绿色种植的梦想。

初 生

胚的萌动依赖于天时地利。当北国的晚春终于唤醒冬眠的大地，在适宜的土壤水分、空气和温度条件下，埋藏在土壤中的燕麦种子们充分感受着大地的润泽,生命的胚芽在静默中孕育。

拥抱种子的土质可以是黏土、草甸土、壤土,但以富含腐殖质的黏壤土、壤土为佳。坡梁地、阴滩地都是种子们喜欢的环境,但以阴滩地收成更好。种子们对酸、碱、盐的耐受力较强,在优良的栽培条件下,各种质地的土壤上均能获得好收成。

燕麦的种子吸水膨胀过程中,各种酶的活性增强。在酶的活动下,贮存在胚乳中的淀粉、蛋白质、脂肪等营养物质,转化为可溶性的易被吸收利用的营养物质,从胚乳输送到胚中。胚根鞘首先萌动突破种皮,接着胚根萌动生长,胚根长到种子的长度,胚芽长到种子长度的 1/2,视为种子完全萌发的标志。

胚根突破胚根鞘先后长出 3～5 条初生根(种子根),在个别情况下也可观察到 2～6 条。这些初生根的生命虽然只有短暂的 2 个月,却居功至伟:其表面生有许多纤细的根毛,吸收土壤中的水分和养分,为幼苗提供营养;有较强的抗寒和抗旱能力,可保证幼苗在 −2～4℃时不至冻死,或在表层土壤含水量降到 5%左右时不被旱死。

随着胚根鞘的萌动,胚芽鞘也开始萌动,然后胚芽突破胚芽鞘,从土壤里钻出绿绿嫩嫩、还有点鹅黄的小脑袋,就是我们看得见的新苗。在胚芽鞘的保护下,第一片绿叶探出头来,试试寒,试试暖,在阳光下舒展叶片。通常胚芽鞘露出地表就不再生长了,胚芽长成地上部分的绿叶,第一片绿叶高出地表 2～3 厘米时,即为出苗。

影响发芽出苗的环境条件主要是土壤的温度和湿度。燕麦喜凉爽,种子在 2～4℃就能萌发,若温度偏低,生长就缓慢。发芽的适宜温度范围是 15～25℃,适宜的土壤水分是田间最大持水量的 60%～80%。在燕麦谷,春播或夏播需要 7～15 天才能出苗。刚长出的燕麦苗形似韭菜，俗话有“莜麦韭菜分不清”之说。

温带的北部最适宜于燕麦的生长，播种之后一个月，裸燕麦的发芽生长期就到了。不经意间，短短的柔弱的新苗，倔强地在这片空旷而贫瘠的土地上铺展着新绿，空气中弥漫着麦苗清新的气息。罗飞在《穿越边界》中描绘了燕麦初生的美丽图景：

……摇曳的绿波装点在高原的山坡沟壑间。尽管不像大草原那般一望无际，但那绿的坡、绿的沟，一波一波铺展开去，再一层层荡漾回来，让高天白云下氤氲在阵阵植物清香中的漠北山野一派诗情画意。

成 长

一、分蘖扎根

分蘖，指的是禾本科植物在地面以下或接近地面处所发生的分枝，产生于比较膨大而贮有丰富养料的分蘖节上。这一特性保证了植物后代的正常繁衍，是植物长期同化外界环境的一种适应性。

燕麦拥有很强的分蘖力。当燕麦的幼苗伸展出第三片叶子时，分蘖由第一片叶鞘间开始出现，同时长出次生根（永久根）。分蘖和次生根从近地表的分蘖节上生长，分蘖节包含几个极短的节间和腋芽，分蘖即由腋芽发育而成。分蘖节的基部长出次生根，着生部位多在地下 1 寸（1 尺≈33 厘米；1 寸≈3 厘米）左右的茎节上。次生根由下而上着生，每生出一个分蘖，相应生发为 1～3 条次生根。次生根一般密集于地表 5～6 寸的土层中，但亦有长达 6 尺以上者，燕麦的次生根一般比小麦多，且扎得深，范围广，可以充分吸收耕作层中的水分和养分。

五谷丰登

燕麦分蘖节的位置，一般处于地下 1.6 厘米左右的土层中。分蘖节不仅能长出分蘖和次生根，且能贮存丰富的糖类，藉此抵御低温冷害。

分蘖发生的顺序，随着分蘖节由下而上渐次生长。直接从主茎基部分蘖节上发出的称一级分蘖，在一级分蘖基部又可产生新的分蘖芽，形成次一级分蘖或二级分蘖，由二级叶腋间长出的分蘖叫三级分蘖。在条件良好的情况下，可以形成第四级、第五级甚至更多的分蘖。一株植物就形成了许多丛生在一起的分枝。早期生出的能抽穗结实的一级分蘖或二级分蘖，称为有效分蘖，晚期生出的不能抽穗或抽穗而不结实的称为无效分蘖。

通常，幼苗产生的分蘖数多，次生根也多，从外观上看，分蘖是壮苗的标志。分蘖的多与少要受到品种、播种的时间、种植的密度、土壤的水分和养分、肥料、光照、温度、农业措施等多种条件的影响，如果是同一品种，种植密度相同，土壤水分和养分的供给状况，是决定分蘖多少与成穗率高低的重要因素。条件适宜，分蘖就多，从理论上讲，分蘖是无限的。据说，有人用一粒小麦种子，培育出上百个分蘖，并抽出 100 多个麦穗。植物的世界真是奇妙啊。

分蘖期是燕麦幼苗生长中的重要时期，在这一时间里，水分和光照条件适宜的话，幼苗们会尽力早些在地面下或者尽量接近地面的地方发生分枝，因为这将决定谁会结出更多的籽实。分蘖越早、离地面越近，生长期越长，则成穗率越高。也是在这一时期，次生根开始生长并由此粗壮，密集的扎根在土壤中，最深可到地下 2 米处去汲取水和养分。它们是燕麦顽强生命力的泉源。但是，如果营养供应不足，土壤干旱，温度过高，植株过密，单株营养面积减少，燕麦的分蘖就会减少，次生根也发育不良，穗子自然变小。所以，农人会在燕麦长出 3 ~ 4 片叶子时浇头遍水，因为苗小，讲究浅浇，慢浇。浇头水之前进行第一次中耕，用大锄顺垄搂地，松土清除杂草。“除草除小除了”，相当一段时间要重复这样的劳作。

二、拔节抽穗

当燕麦幼苗抽出翠绿光滑的茎，“拔节”就发生了。如果田里一半的植株达到拔节时，就到了拔节期。燕麦在拔节期幼穗分化，这是一生中最重要的转折点。

拔节，最初发生在燕麦幼苗的基部第一节高出地面大约 15 厘米的时候，用手触摸可以察觉出节，即为拔节。燕麦的茎，比小麦粗而且软，秆的粗细各有不同，中空有节，一般 4～8 节。燕麦幼苗每生长到一定高度，一个茎节就圆润地出现在茎秆上，经过 4～8 个“拔节”过程，燕麦植株会长成不同的身高，一般在 60～120 厘米，最高的可以达到 2 米。地上各节除了最上一节外，其余各节都有一个潜伏芽。通常这些芽不发育，但在主茎发育受到抑制时，潜伏芽也能长出新枝，抽穗结实。燕麦自身拥有的“备份”功能，不能不令人惊叹造物的神奇。

燕麦的每个节上着生一个叶片，或长而狭窄、或短而宽的叶片以茎节为基，以互生方式渐次向上生长。叶主要由叶鞘、叶片、叶舌组成。叶舌发达，长约 3 毫米，白色，无叶耳，顶端尖，有的叶舌呈环状薄膜，边缘呈锯齿状。叶身的基部与叶鞘一般有短毛，叶鞘包围茎秆较为松弛，在基部闭合。叶的功能主要是进行光合作用，制造营养物质。叶子是燕麦家族间显性的识辨密码，深绿色、绿色、黄绿色的叶片颜色是不同品种的区分，叶缘和叶背的细毛特征也是品种鉴定的依据。

伸展的叶片汲取阳光雨露，自下而上逐渐变大，燕麦的主茎一般生长有 7～11 片叶。盛夏时节，田间满蓄着浓郁的绿，长势喜人的燕麦地在文人墨客的笔下充满诗情画意——

风终于来到了那大片大片的燕麦地了。燕麦的秆儿高,却比小麦的秆柔,现时正孕着穗,风吹过来,那一坡坡燕麦就一波一波地从这边波到那边,又从那边波回来,整齐得一溜溜的,如旗之舞动,如湖之荡漾。

"孕着穗",说的是燕麦穗在叶鞘内形成而尚未抽出来的情形。孕穗,又形象地称为打苞、做肚,指禾谷类作物幼穗分化接近完成,穗子开始膨大,从外形上明显可见穗苞的状态。孕穗包含一个过程,禾谷类作物孕穗期的标准为植株最上部的一片叶子——旗叶伸长、展开(俗称"挑旗")、幼穗在旗叶叶鞘内膨大成"锭子"形,即为孕穗期。

在和煦的阳光下,燕麦一节节伸长,这是燕麦孕育新生命的前奏。沿着穗轴,穗分枝呈周散型或侧散型着生,最上部的穗节最长了,占全株高度的1/2或1/3。某一个清晨,在穗的顶部,小穗从旗叶叶鞘露出来,燕麦抽穗了!如果田里一半的植株抽穗,就到了抽穗期,4~8天的工夫全穗抽出。不同品种的燕麦,小穗的形状也不同,有鞭炮形、串铃形、纺锤形。

在燕麦的一生中,从幼穗分化开始到抽穗,是根、茎、叶生长的旺盛时期。经过拔节、孕穗、抽穗3个时期,燕麦的地下部分、地上部分生长迅速。这一时期需要大量的水分和营养物质。拔节到抽穗,是燕麦一生中需水量最大、最迫切的时期,燕麦的小穗数和粒数,大都是由这个时期决定的。幼穗分化前,干旱对燕麦生长发育虽有一定影响,只要以后灌溉还可以恢复生长。但是,如果分蘖到拔节阶段遇到干旱,即使后期满足供水,对穗长、小穗数和小花数的影响也是难以弥补的。这就是农谚所说的"麦要胎里富"。

农人形象地总结燕麦生长"最怕卡脖旱"。"卡脖旱",就是在每年6~7月,当燕麦正处于拔节至孕穗期间,遭遇缺水干旱。此时水分不足,莜麦就

燕麦花开

不能正常抽穗，无论后期水量如何，最终导致大幅度减产。相反，降水量充足，产量将明显增加。所以农人讲究“早浇头水，晚浇拔节水”，在燕麦第一节停止伸长，或第二节生长高峰已过时，浇拔节水。期间进行第二次中耕，除去垄背杂草，疏松地表，适当培土。在干旱情况下，浅锄保墒防旱；在雨涝情况下，深锄保墒，可促进土壤水分蒸发。

燕麦拔节以后，随着气温的升高，加强病虫害的检查，以防病害发生。发现蚜虫，及时扑灭，生长期还怕染黑穗病，会造成减产歉收。农谚所说“黄疸收，黑疸丢，莜麦霉霉收半秋”就是指燕麦病虫害。黄疸指麦类锈病，黑疸指麦类黑穗病，“莜麦霉霉”指莜麦黑穗病，若不幸得病，会导致大幅减产，只能“收半秋”了。

成熟

秋风起时，最美的季节来临了。靠近一片燕麦地，风过时，似乎听得见燕麦摇响了齐腰的铃，发出如天籁一般悦耳的声响，提溜提溜地努力生长，一边抽穗一边开花，穗子从旗叶抽出 4～5 个小穗后，顶部第一个小穗内的第一朵小花就开放了。从此后燕麦每天开花 1 次，全穗从第一朵花盛开到花期结束，历时 8～13 天。每天下午 2 点到晚上 8 点期间开花，下午 4 点为开花盛期。

燕麦为圆锥花序。整个花序称穗，因为包着麦粒的麦壳如小铃铛一般，人们形象地称麦穗为“莜麦铃铃”。从穗型的不同，燕麦可分为周散穗型、侧散穗型、紧密穗型三种。穗的主轴上着生枝梗，通常有 5～6 层，枝梗上又着生小枝梗，小穗的花着生在小枝梗的顶端，小穗由护颖、内稃、外稃和小花组成。小穗一般有纺锤形和串铃形两种。每个小穗自下而上依次着生许多有柄小花，各小花花柄等长，开花顺序由下而上。通常结实小花只有 2～3 朵，有时也能达到 4～6 朵，其变化因品种不同或者栽培条件改变而异。燕麦开花顺序，在一穗之中以顶部小穗最先开放，向下顺延。同一轮层的分枝上，以两侧最长分枝的顶部小穗最先开放，依次向上向内顺序开放。在一个小穗上，以基部小花最先开放，然后顺序向上。顶端的小花退化，常不结实。

每到这个时候，燕麦地织就的这一幅青蓝色锦帛，是夏日最美的风景。从午后直到繁星满天，坐在燕麦地里倾听燕麦开花的声音，是多么美妙的事情！鲜亮的燕麦花，收获的村庄，美好的生活，诗人孙立本关于燕麦的歌咏，是如此令人神往——

五彩斑斓

燕麦花开，一穗燕麦弯曲的茎叶上

弹出一只蟋蟀的抒情——

弹就弹吧，弹出时间的斑驳

弹出歇脚的鸟雀，疯长的野草

弹出一个人忧伤的心事，也弹出几粒

燕麦一样均匀的呼吸

燕麦花开，一穗燕麦的茎叶上

弹出暮色昏黄，星宿满天

东半坡上晾着一匹吃草的马

马尾的琴弦弹出月色皎洁，弹出一万簇

鲜亮的燕麦花

——弹出妹妹一双水灵的手，捋动燕麦

捋动出一个收获的小村庄

燕麦花绽放过后，燕麦的果实就在穗间长大。“开花时外稃张开，花丝伸长，花药破裂，花粉散落在羽毛状的柱头上即行受精过程，受精后子房膨大，胚和胚乳开始发育，茎叶所制造的营养物质向籽粒输送，籽粒开始积累营养物质。籽粒中营养物质积累过程，称之为灌浆。燕麦灌浆结实成熟的顺序，同幼穗分化和开花的顺序一样，概括起来是自上而下，由外向里，由基部向顶端。即穗顶部的小穗先成熟，下部后成熟，每一分枝 顶端的小穗先成熟，基部的小穗后成熟，而每一小穗的籽粒则是基部的先成熟，顶部的后成熟。”因为全穗籽粒成熟的时间有先有后，穗下部籽粒进入蜡熟时才能收获。又因为营养物质输送的先后和积累的多少有差异，燕麦的籽粒大小也不一样，一般千粒重 14 ~ 25 克。正常的燕麦籽粒瘦长，有腹沟，长一般为 0.5 ~ 1.2 厘米，有筒形、卵圆形、纺锤形。籽实表面有茸毛，尤其以顶部显著。籽粒有特有的香味，随品种不同而有其特有的颜色和光泽，常见有黄、浅黄、棕、褐、白，还有稀少品种为红或黑色。

开花灌浆期是决定籽粒饱满与否的关键时期。它和前两个阶段相比，需水少了些，实际上由于营养物质的合成、输送和籽粒形成，仍然必须有一定的水分，要及时、适当地浇好扬花灌浆水。灌浆后期至成熟，对水分的要求减少，喜晒怕涝。日照充足利于灌浆和早熟，若多雨或是阴雨连绵，往往造成晚熟。而连绵阴雨后烈日暴晒，地面温度骤高，水分蒸腾强烈，就会造成生理干旱，出现"火烧"现象。所以农谚说："淋出秕来，晒出籽来"。燕麦要在夏季高温来临之前成熟收割，干燥炎热而有干热风的天气或大雨骤晴，太阳暴晒，常易破坏燕麦的受精过程而不能结实。

从初生到生长再到成熟，燕麦的一生，经历萌发、出苗、三叶、进入分蘖期，决定穗数；拔节、进入孕穗期、抽穗、开花，决定穗粒数；进入灌浆期，直至成熟，决定粒数。这是燕麦生长发育必然经历的三个阶段：营养生长阶段、生殖生长阶段、营养生长与生殖生长并进阶段。

收 获

立秋之后，天高云淡，夏秋季节，阴山北麓一派田园风光：白色的荞麦花，黄色的油菜籽花，绿色的燕麦花，一望无际的向日葵……层层叠叠，五颜六色，构成了一幅巨大的彩色油画，渲染出一片丰收的景象。

当燕麦穗子渐渐变黄绽开，固阳西斗铺镇红泥井村的田野，武川可可以力更镇下辖的村落，乌兰察布市的丘陵地带，那些零星的农田和成片的燕麦地，都迎来了收割的农忙季节，人们喜悦而忙碌。镰刀饱食着麦香，晾晒的燕麦静静地袒露在秋阳下，堆起的麦垛互相依偎。

在三主粮燕麦种植基地，一望无际的麦田，麦浪滚滚，收割机隆隆作业，它经过的地方，留下整齐的麦茬，金黄的麦粒扬起落下，麦芒飘落……

在收获的燕麦地还有很多故事，辛苦中充满乐趣。燕麦收割得合作，通常五人一组：领头人把握节奏，既要割得快，也要放得好，割好的燕麦要放得恰好，不能太近，太近，捆的人抱得十分辛苦；也不能太远，太远，

跟的人追得非常吃力。还不能在割的过程中踩倒同伴的垄子。割过的麦茬一要低，二要齐整，不齐整的茬像马蹄形，三要干净无遗漏。如果麦茬留高了，捆的人就大声喊：你想把牛眼睛扎瞎吗？如果没割干净，他同样会大声喊：留下那根了（方言，音 liao，望的意思）狼啊！被喊上两嗓子是很丢面子的事，一个好的割手是不能让别人随便喊的。捆的人技术更要过硬，一般人是干不了的。燕麦"个子"捆得要不大不小、要齐、要紧，为的是便于搬运，易于晾晒。搭要子，是捆燕麦个子的关键。刚割下的麦秆特别滑，要子特别难搭。遇到麦苗低的时候，就更难了。捆也非常关键，用腿轻轻压住麦堆，两手抓住要子，左右手交替拧两次，一个"个子"就捆好了。有的时候割好的莜麦要

在地里先晾晒几天再捆起来，捆好了垛在一处晾晒干燥再打场。

燕麦之乡武川传唱的民歌《割莜麦》，生动有趣，充满浓郁的地域色彩，蕴含着丰收的喜悦和萌动的情愫——

哥哥在那半山腰腰，

头戴草帽，羊肚肚手巾，

搭在肩上，挽起袖袖，

二猫腰腰，手拿镰刀，

嗞喽嗞喽，嗞喽喽喽喽喽割莜麦。

小妹妹在那山里洼里，

沟里岔里，白胳膊膊，

银手镯镯，红指甲甲，

海纳花花，提上篮篮，

拿上铲铲，嫩圪手手，

圪丢圪丢，圪丢丢丢丢丢挲山药。

短短两节，诗意地勾画了山野劳作的场景，割麦子的嗞喽嗞喽，刨山药的格丢格嘣，小妹妹的俏丽身影似乎无处不在，割莜麦的哥哥对小妹妹唱着山歌，歌声飘荡在山间田野。那舒缓悠扬的旋律，高音处直上云霄，低回婉转时余音不绝。

这首民歌有两个版本，另一个是晋北神池版的——

哥嘞哥我在山顶以上，

手拿镰刀嗞喽嗞喽，割莜麦，

小妹妹你，白格胳膊银手镯镯，

手拿铲铲格丢格嘣刨山药（亲亲）。

相依

哥嘞哥我在山顶以上，

手拿镰刀嗞喽嗞喽割莜麦，

小妹妹你走在那些山里、洼里、沟里、岔里、对坝坝那圪梁梁上，

你白格胳膊银手镯镯，手拿铲铲，

格丢格嘣刨山药，哎嗬啦（亲亲）

事件场景一样，相比之下武川版的人物多了几分渲染。听着这曲爬山调，感觉轻快喜悦，与其说是歌咏劳动，倒不如说是倾诉爱情。

收获的喜悦总是与艰辛并存，农人对燕麦既爱又恨。燕麦粒如纺锤形，有腹沟，顶尖长满了细小的茸毛，俗称“莜麦毛子”，性似桃毛，皮肤只要沾上一点，就奇痒无比，皮肤敏感的人还会红肿起来，特别是炒莜麦的时候，莜麦毛子随着翻搅而飞舞，无孔不入，即使包裹严实，还是深受其苦。这种痛痒难耐的经历，在割莜麦时就已体验。所以每年收割的时候，多是女人们用特制的镰刀先把燕麦割倒，她们用头巾、衣物，把自己从头到脚，包裹得严严实实。割倒的燕麦晾晒几天至半干后，男人们把割下来散放的麦束，捆成七八十斤（1 斤 =0.5 千克）一个的麦捆，然后用一种两头尖尖的扁担，斜插在麦捆中间，一边挑一个麦捆，一担大概一百六七十斤重，挑到家门前的晒谷坪里，或者成捆装车，运到场院里铺开晒干，再用连枷打（连杆），或者用碌碡碾。打好或碾好后，用四股木杈将茎秆抖出，再将稃糠、颗粒收在一起，借风势扬起，即为“扬场”，可去稃秕、去沙土后留籽。现在收割莜麦多用收割机，直接将莜麦收获成干净颗粒，传统收割打场农具如连枷、碌碡、碾子等物，大多已弃之不用，成了博物馆供人观赏的历史文物。

谷物之王

因着这一番对燕麦成长的探访，我们不由得对这一物种心生敬意。

燕麦选择的这片土地，多为山地丘陵，土壤贫瘠。这里属于中温带、北温带的干旱、半干旱大陆性气候，雨水少，地表水资源贫乏且利用困难，干旱威胁严重，且风沙、冻害频繁侵袭，广种薄收，生产条件差，故称为后山温凉旱薄区。这是农牧交错带的生态脆弱区，干旱是主要的自然灾害，从历史资料看，干旱年份占 70%～75%，所以，“三年有二年旱，七年左右有一大旱”,且干旱持续的时间长,旱一年的约占整个干旱年数的54%,连旱二年的占20%~30%,连旱三年的占10%~15%,最长连旱年数可达七年。但是,这又是一片神奇的土地。光照充分,日照时间每天平均可达16小时,农作物的光合作用旺盛;土地干旱少雨但降雨集中,雨热同期,海拔在1 000米以上,经过上千亿年的地壳运动,形成适宜裸燕麦生长的特殊土壤,仿佛是大自然为燕麦量身定做一般。

燕麦就在这样的环境中生长,成为高寒旱地传统的粮草兼用作物,无污染、无化肥、无农药施加的自然环境更造就了它的优良品质,千年来为人类提供果腹之物、营养之食。更加可贵之处是燕麦的生长特性,若在风调雨顺之年,麦穗丰盈,年景歉丰则如野草般寂然风中,茎叶可作上好的饲料,这禾本植物竟然有着不与其他作物争水土的隐士之风,真是一种平易而又神奇的植物,也是大自然对这片土地的美好馈赠。

燕麦谷中的白桦林

4 燕麦面食细味

燕麦籽实进仓，燕麦谷里氤氲着丰收的气息。

在这里，“莜面”是农家一年四季的主食。正如民谚所言：内蒙古三件宝，莜面、山药、羊皮袄。“三宝”之首的莜面，既指裸燕麦面粉，也指燕麦面粉制成的面食；山药（当地方言），学名马铃薯，也称土豆、山药蛋。冠名为“宝”，并非意味着三大特产是藏于深山老林的珍奇异宝，恰恰相反，这 3 种特产，在内蒙古产量极高，品质极佳，与当地人的生活密切相关。

有一段广为流传的民谣，这样夸赞阴山北麓的莜面——

后山莜面白又筋，

吃在嘴里香喷喷，

咽进肚里饱狠狠，

干活有劲快如风。

莜面、山药蛋，

庄户人的好茶饭。

“后山”即阴山以北，“白又筋”、“香喷喷”的莜面，散发着浓浓的五谷杂粮的原味清香，营养丰富，被视为面中上品。凡到内蒙古中西部观光旅游的人，都会到饭店或老乡家里品尝花样繁多、口味独特的莜面，以大饱口福，大开眼界。可以说，不品尝“莜面”，就不算到过内蒙古。历史上用燕麦面粉精工制作的传统食品有“莜面全席”之说，经过搓、推、擀、卷、压、捏而成各种形态，再经由煎、煮、蒸、炒、烙、炸而制熟。

2011 年，由农业部、文化部、中国文学艺术界联合会在北京全国农业展览馆举办的中国农民艺术节，以固阳燕麦为原料的面食手工制作技艺项目入选中国农业非物质文化遗产展演，成为内蒙古自治区 3 个入选项目之一。悠久独特的燕麦面食加工工艺，就这样承载着乡间民俗的自然质朴，走出燕麦谷，成为文化记忆值得珍藏的一页。

莜面手工制作技艺何以能入选中国农业非物质文化遗产展演？现在，还能品尝到“莜面全席”吗？我们走进燕麦谷的农家，看一看做一餐莜面要经过的复杂工序，品一品莜面的醇厚味道。

制“熟”

燕麦磨粉制作工艺相当复杂，似乎世界上所有的粮食在加工食用时都没有中国裸燕麦烦琐。从生燕麦到面粉制品，要经过收割、晾晒、打场、脱粒、收贮、脱壳、炒制、碾粉、烫蒸等一系列由生而熟的反复加工，这就是所谓“三生三熟”——莜面制作的传统技艺。“三熟”工艺是莜面制作的核心技术，至今没有发生根本性的改变。

炒莜麦

一、炒熟

莜麦收割后要在场上脱粒。“场”，是住宅前的一处空地，也叫“坪”，专门用来打谷、晒粮。最初打下的生籽粒，不能吃，这就是“一生”。将莜麦粒先筛选、清除杂质，搓掉颗粒上那层豁人的绒毛，放在清洗容器里浸泡搅动，令沙石沉底，再把干净的莜麦用笊篱淘出，放在粮仓里晾干水分，这个淘洗莜麦的过程称为“润麦”。炒莜麦时，在院落中支一口大铁锅，可以是平底大炒锅、滚桶炒锅、圆盘炒锅。将淘好的莜麦倒入锅内，用锅铲均匀翻炒。炒时要掌握火候，不宜过生或过熟，待冒过大气后，可以看到锅内的莜麦粒呈微黄色，并且闻到炒香味，口感香脆，即可出锅。炒好的莜麦上磨加工，称为“磨莜麦”，箩出面粉，经此加工即成莜面，就此完成“一熟”。炒熟可以延长莜面的保质期，也利于保持莜面的特殊炒香味。有时候将燕麦粒筛选淘洗后直接煮熟，沥水晾干后磨成面粉。

炒熟的莜麦籽粒在贫困的年代里曾经是村里孩童的零嘴儿，俗称“红莜麦”或“黄莜麦”，颜色金黄，口感香脆，在衣服口袋里装上一把，饿了吃一口，是不可多得的美味。

二、烫熟

炒熟的麦粒磨成面粉，又成生食，即所谓“二生”。莜面粉从外观上看，除了颜色略暗外，和普通小麦磨成的面粉没什么大的区别。和莜面时不能用凉水，得用开水（沸水，当地人叫滚水）。舀适量的莜面粉在面盆里，对上一半的滚水，称为烫熟或冲熟，就可以和面了。由于是滚水和面，所以这就成了“二熟”。

主妇们根据食用人数决定莜面粉的用量，根据面粉的含水量决定用水量。将水煮沸，一边泼入烫面，一边用面棍搅动均匀，并用手将块垒状莜面

莜面制作

加水揉揣，用手和面，达到盆光、面光、手光，再根据需要制作成各种成型食品。人们形象地描述这个过程："一半莜面一半水，圪代代滚水圪搅起，双手手猜得放了'屁'，趁热做造放笼屉。"这段话说莜面与水按 1:1 的比例，和好的面不软不硬，"圪代代滚水"是方言，即沸腾着的开水，"圪搅"就是搅拌，"猜"也是方言，是指用双手尽快使劲将莜面搓揉，直到搓揉到发出叭叭的响声才算到位，这样才能做出口感筋道、韧性十足的莜面来。有时候主妇们也尝试用温水和面，浆（类似醒面）的时间长一点，做出的莜面也很筋道。

三、制熟

各种成型的食品，又称生食，即"三生"，需加热制熟。在千百年来的生活实践中，农家摸索出花样繁多的食品，如搓鱼鱼、推窝窝、压饸饹、卷囤囤、拌丸丸、切条条、焖板鱼鱼、炒块垒、打拿糕、包饺饺、捏圪团儿、炒炒面、烂茶面、熬糊糊、烙烙饼、莜面钱钱、山药鱼儿等。面团在巧妇手中，时而细若粉丝，时而薄若蝉翼，时而状若鲜鱼，时而成若鲜肉，时而色如碎金，时而包罗万象，时而浪里翻江，颇具观赏价值。熟制上由传统的蒸、煮扩充为蒸、煮、烙、煎、烤、炸、炒、焖等多种方法。面团或面糊变得松软，淀粉、蛋白质受热产生化学变化，表皮产生新的化合物，这些食品被赋予特殊的颜色及香味。

以蒸食为例，和好的面，要趁热制成莜面制品上笼屉去蒸，即"趁热做造放笼屉"，有人这样形容——

你看，在平展展的面案上，女主人双手轻搓，均匀地滚动着左右各四、共八根像溪水般缓流的莜面条，灵巧的双手一会儿平摇，一会儿交推，那样轻盈、那样娴熟，简直是优美的舞姿。在雪白的瓷砖上，女主人又拨动拇指，食指轻弹，一转弹，一个个蛋卷儿似的"莜面窝窝"就挨个儿立满笼屉：一样样

不能忘却的收割

薄，一样样高，一样样圆，一样样白，横竖成行，转圈成圆，实在是一幅巧夺天工的几何图案！

当蒸笼中白烟升腾，屋中弥漫着莜面那特有的清香，莜面便蒸熟了，即为“三熟”。这时，莜面才真正能吃。蒸制时中途不能揭开锅盖，火候要急；停火后，在锅上捂上片刻再揭锅出屉。“三熟”皆备，做好的莜面有独特的味道，有助于全面吸收营养。

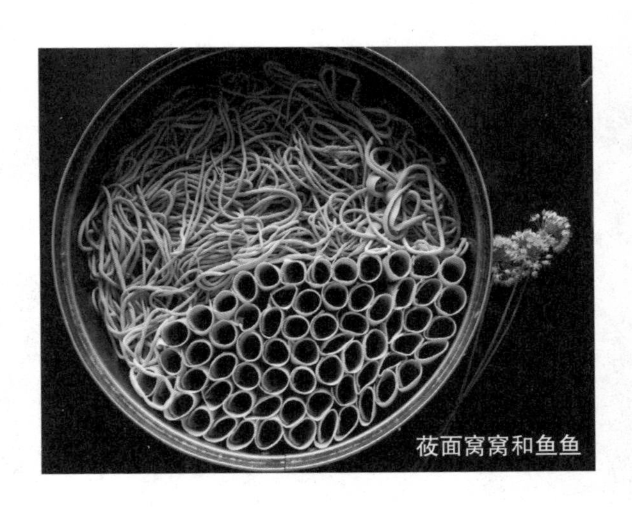
莜面窝窝和鱼鱼

有关研究指出，传统燕麦食品之所以要进行“三熟”，有如下原因。

一是燕麦脂肪含量高，不能方便地像小麦那样制粉，需要“炒熟”。二是燕麦籽粒硬度低，脂肪含量高，容易堵塞磨粉机和筛网，需要进行炒熟以提高燕麦出粉率，延长保质期。三是面团成型需要“烫熟”。由于燕麦粉不含湿面筋，不能像小麦粉一样形成面团，燕麦面团成型需要用热水烫面使淀粉糊化，通过淀粉颗粒间黏结性形成面团；食用时需要“做熟”，不同食品的熟制方法不同。

明代思想家、文学家李贽晚年寓居通州，曾作诗描绘河畔美景：“只在此通州，此地足胜游。清津迷钓叟，曲水系荷舟。面细非燕麦，茶香是虎丘。今宵有风雨，我意欲淹留。”其中，“面细非燕麦”一句，道出了当时世人眼中，燕麦不过是一种粗粮。现在，这种粗粮在长期的实践和传承过程中，积累了多种“细作”方法，我们以蒸、煮、炒为例，品一品燕麦细味。

“蒸”味

莜面的传统制熟以蒸法居多，“蒸”最能体现中国的烹饪特色，一直应用得非常广泛。较之于煮，蒸法的优点很多。首先，蒸法渗入面食的水分较少，因而可更多地保持食物的原形、原味；其次，蒸的过程中，由于加盖而隔绝氧气，从而减少了食物中的营养成分（特别是各种维生素）因氧化而受到的破坏。

我们现在用蒸的方法，有各种材料的蒸笼，竹制的、陶瓷的、不锈钢的，等等。古代的基本器皿是甑，甑发明于北方黄河流域的仰韶文化和南方的崧泽文化时期，约有 5 000 年以上的历史。特别是在南方的新石器文化里，出现了甑和釜连为一体的器具，考古学上叫它甗，这就是古代的蒸锅了，它下面盛水，中间有一个箅子，水烧好了以后，通过蒸汽把上面的食物蒸熟。这种方法一直沿用到现在，蒸法真算得上先民的伟大发明了。

蒸制的莜面在超市、菜场或马路边，以小笼屉盛装售卖，最常见的就是窝窝和鱼鱼。村里对主妇推窝窝和搓鱼鱼的手艺有很高的要求：“窝窝推得薄又齐，鱼鱼搓得长又细”，窝窝其薄如纸，鱼鱼细长圆润，色泽悦目，上笼蒸熟，屋里院外弥漫着莜面的香味儿，那是一等的口味，一等的营养。如果说起谁家的女子或媳妇做得一手好茶饭，主要指做莜面的本事。

一、莜面窝窝

窝窝的制作可分解为3步：和面、制卷、蒸熟。

第一步，和面。面粉放入盆中，加开水（水温达到98℃）用筷子搅拌成块儿状，稍带点干面，面拌得不能太稀了，也不能太干了，太稀太干都会影响莜面蒸熟后的质量。此时不要怕莜面烫手，快速将莜面块儿揉在一起，直到面团表面光滑，柔软筋道，杵面时揉出响声为止。

第二步，制卷。用一块平整的石板，或者表面光滑的瓷砖，甚至一块铁皮，约30厘米长、20厘米宽，底下垫一块干净的笼布，离身子近的这边要高一些，呈坡状。取一块莜面放到石板上，用手往前推搓成片，莜面团整体展开，铺在了石板上，然后用食指将展开的莜面卷起来，成筒状，竖着放到蒸笼里，捏、挤、抹、粘、抖，一气呵成。依次摆放在蒸笼里的窝窝表面基本持平，这要求分割剂子要大小一致。许多面卷连在一起成蜂窝状，故称窝窝，也有的地方叫莜面卷卷。

第三步，上笼蒸熟。笼屉置于开水锅上，大火蒸5～10分钟就好，口感上以筋道为最佳，如果火候不到，窝窝不熟，吃着带沙感；蒸得过火了，窝窝则软瘫立不起来，吃时则无筋，味欠色减。

推窝窝是村里女子们打小的必修课。据说相亲的时候，被相看的女子要展示推窝窝的才艺。女子和好面，相亲的人盯着女子的手，但见她左揪一块面，右捏一个团，在一块巴掌大的上釉陶板或菜刀背上一推，拈起一揭，掀起一片薄薄的莜面片，然后就势在手指上绕成筒状，竖着摆放在箅子或

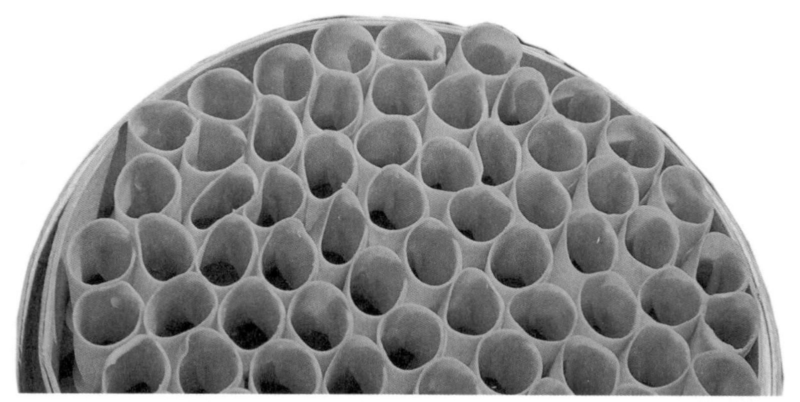

莜面窝窝

笼屉上。左右翻飞中，片片莜面像秋天飘下的落叶，薄如麻纸，宽窄相等，放在箅子上像剪子剪出来的一样整齐，看得人眼花缭乱。一只手能推窝窝的女人遍地都是，能双手开弓推窝窝的那才叫会做饭的女人。当爹的“啪”的一拍大腿，冲着儿子说，行，你小子有福气，相了个好媳妇。女子一听这话，红着脸悄悄躲了出去。一门亲，就这样结成了。

莜面窝窝在山西地区称栲栳栳，是晋中晋北高寒地区民间的家常美食，其制法、名称来历，要追溯到1 400年前的隋末唐初。民间相传唐国公李渊携家眷途经灵空山古刹盘谷寺，方丈以这种莜面食品款待客人。李渊问：“手端何物？”方丈答：“栲栳栳。”栲是植物的泛称，栲栳指用竹篾或柳条编成的盛物器具。唐寅有诗云：“琵琶写语番成怨，栲栳量金买断春。”看来当时方丈是以手端的小笼屉作答了。后来李渊当了皇帝，便派方丈到五台山当住持。方丈带领众僧赴任路过静乐县，看莜麦初收，便把莜面栲栳栳的制法传给当地人。再后来这种民间面食传遍了晋、陕、蒙、冀、鲁等地，成为北方山区人民的家常美食。民间还有一种传说，说是李世民父子在太原起兵，用的就是这种面食犒劳三军，一举建立大唐王朝，栲栳是由犒劳一词演变而来。

不管有怎样的传说和故事，蒸窝窝都毫无疑问是一道美味食品，现在这一农家饭已跻身都市餐饮的食谱，作为特色主食供人们享用。

二、莜面鱼鱼

莜面鱼鱼，也作"馀馀"，形状类似面条，在和面、蒸制和食用上与窝窝基本相同。将和好的莜面小团取二三团，两手并拢搓制成面条，或用手将三五个莜面小团在案板上搓条，称之为"莜面鱼鱼"，可粗可细。一般人一次只能用手搓一根，而能干的主妇能两手同时操作，且一手能搓两、三根鱼鱼。饸饹与鱼鱼，基本是一样的形状，不过前者用饸饹床（一种小型简易的手工面条机）压制，后者纯手工搓而已。

40年前在乌兰察布插队的知青，对莜面怀有特殊的情结，他回忆跟老乡学做莜面，了解到最简单的是压饸饹，用木制的饸饹床直接往笼屉上压，就成了一簇簇整齐的饸饹条；比较难做的是窝窝，揪一小块面在一块油亮的青石板上用手掌一搓，成了薄薄的片儿，往食指上一卷，立在笼屉里成了蜂窝状。看着容易做着难，"祖上传下来的做莜面的技艺"令他惊叹，特别是搓鱼鱼的场景记忆犹新：

主妇们拿着一块莜面团，按在案板上，把手掌伸开，用大拇指和掌心控制着面团轻轻揉搓，只见一条细细的均匀的面条就从手掌的外侧滚动着出来了，手里的面没了，还可以再揪一块，接着搓，面条还能续上而且不断条。有些能干的主妇可以一手握三块面，同时搓三条，还有的人能两只手同时搓，一下子就出六条面，你说绝不绝！

欣赏双手开弓搓鱼鱼的绝活，的确是美的享受：一小块莜面分成几块，两手心各按住几块，在一块面案上飞快地搓着，霎时间，盘龙卧凤，游鱼斗虾，看上去在做饭人的手心里，有抖不完的丝缕，看不尽的线头……简直是绝妙。

手搓莜面鱼鱼

类似的蒸食，还有囤囤、蒸饺、山药鱼儿、扎花片片等，和面的方法与窝窝、鱼鱼基本一样，只在食材和形状上有所变化。比如，蒸饺，将泼熟的莜面揪成小块，放在左手心中，右手拿一捣花椒用的铁槌(即杵)在莜面块上来回碾转成形，置入馅儿捏好口码在笼中蒸。馅儿可做荤素两种，素馅的食材有土豆丝和苦菜叶、芹菜叶，切碎搅匀，直接包在泼熟擀好的莜面皮儿里蒸熟吃；荤馅则将肉切碎，将土豆或胡萝卜去皮洗净切碎，再加上碎粉条、豆腐拌在一起，放葱花、鲜姜、花椒、盐、少许酱油、味精拌匀即可。再比如囤囤，将和好的莜面团用擀面杖擀成大片，要尽量薄，撒上细细的土豆丝，土豆丝最好淘尽淀粉，再加上切碎的苦菜或者芹菜叶，卷起来切成长 5 厘米左右的卷，码在笼屉里蒸熟。

莜面和土豆是农家茶饭的绝配，比如，莜面山药炸糕、莜面山药烙饼、莜面块垒、莜面山药馀子等，都是莜面和土豆的合成食物。以“莜面块垒”为例，将土豆焖熟后去皮揉碎，拌上适量莜面，撒在有笼布的笼屉里蒸熟，再用胡油炒拌，放上盐和葱，铲在碗里便吃，配以大蒜和稀粥。还有的人不用土豆，直接在锅里盛上适量的水，再撒上莜面，待水开后冒出气泡时，将水和莜面搅拌均匀，熟后加葱沫，最后用胡油或荤油炒着吃，称之为“油搅块垒”。

乌兰察布乡村还有一种莜面和土豆搭配的蒸食，有个很形象的名字叫“黑老娲含柴”，即乌鸦含柴，或者称为“含财”。和好的莜面用擀面杖擀成大

临路而立的镇子

片，将切好的土豆片铺在一半的莜面皮儿上，另半边折叠盖在铺好的土豆片上，切成1～2厘米左右宽、5厘米左右长的条状，上笼蒸熟，莜面微黑，露一节莹白的土豆，宛如乌鸦衔柴，吃起来既有莜面的油香，又有土豆的沙甜。

“煮”味

“煮”，和蒸一样，是传统的莜面制熟方法。“煮”，也是古老的烹饪方法，周代已经多见，煮食物的炊具主要有釜、鼎、鬲等。釜，圆底无足锅，有铁制、铜制或陶制几种，据说这种煮器主要用于煮谷物和蔬菜，安置在炉灶之上或是以其他物体支撑煮物，釜口也是圆形的，可以直接用来煮、炖、煎、炒等，可视为现代平底锅的前身。仰韶文化时期出现与陶灶相配合的陶釜，秦汉以来陶砖制造的进步，促成炉灶的普及，釜直接置于炉上烹煮食品，比起三足鼎、鬲，釜更能集中火力，节省时间和燃料；加上冶铁业的发展，铁制釜的耐火、导热性能更好，而逐渐取代鼎、鬲成为主要炊器。《诗经·召南·采苹》云：“于以湘之，维锜及釜”，意思是“什么可把食物煮？有那锅儿与那釜”，锜，有足之锅。我们熟知的曹植七步诗“煮豆燃豆萁，豆在釜中泣”，佐证了魏晋时代釜的普遍使用。鼎则用于煮肉，周鼎，不再是单纯的炊器，还是一种礼器，平民不得使用铜鼎，贵族以铜鼎盛放肉类和其他珍贵食品。鬲，一般用来煮粥，贵族们盛馔用鼎，常饪则用鬲。这种煮器出现在殷代，广泛使用于周中期，在周末衰落，汉代就绝迹了。现代煮器多种多样，铁锅、陶瓷锅、不锈钢锅等，因为电和燃气的使用，煮食更为便捷。

以煮法食用的莜面制品，主要有煮糊糊、生下鱼儿、搅拿糕等，一般作为早餐或晚餐。天凉了，喝上一碗热乎乎的下鱼儿，就着酸酸辣辣的腌咸菜，头上冒汗身上暖和，真是享受。

一、莜面糊糊

糊糊，即水调面粉，稀稠均可。一种是炒莜面糊糊，用炒熟的面粉；另一种是生莜面糊糊，用生面粉在沸水中煮熟而成。有时将莜面和豌豆面一起炒熟，叫豆面糊糊。

莜面糊糊的做法，不同的地方有不同的讲究，有的是先用凉水把莜面搅拌均匀，待锅里的水开后一边倒入一边搅拌，水开即可；有的是将水烧至30～40℃，一边撒面一边用勺子搅，面疙瘩要打开，糊糊要搅匀，开锅即可；还有一种方法是和土豆一起做，将土豆去皮，洗净切块，在开水锅中煮熟后，撒如莜面或者炒面，烧开即可，可以原味，可以加盐，叫"莜面糊糊煮山药"。

糊糊一般作为干食的配餐，也可作为零食，和上蜂蜜和香油，或者撒上白糖、炒熟的芝麻、压碎的熟花生粒等，用那细瓷白碗调得稠稠的、匀匀的，用勺子蘸上一点抿在嘴里，那个香那个甜，从口中直钻到每一根神经。

除了熬煮糊糊，还有"莜麦钱钱"，这是我国古已有之的传统燕麦食品。将莜麦精选、淘洗、再经过挑选后，用石碾压扁而成，可煮粥喝。这与目前世界上加工销售量最大、应用范围最广的燕麦食品之一的燕麦片，是同一种食品，其模样、食法也大致相同。

二、莜面下鱼儿

取莜面若干和好醒着，和面方法同莜面窝窝，为了筋道可加少许淀粉。揪一小块莜面，放入手掌，搓成长2厘米左右的条，中间粗两头细，手掌对挤压扁呈小鱼状，置于箅子或面板上待用。做汤，将猪肉片或羊肉片配上花椒、大料、干姜或鲜姜等调料下锅炒，加水（比烩菜的水多一些），再将土豆去皮洗净，切成小长条下锅；将捏好的莜面小鱼下到锅里煮，煮熟后加上大葱、味精，舀在碗里吃鱼儿喝汤，味道颇佳，冷天吃上一大碗热气腾腾的下鱼儿，保管浑身暖洋洋。

素汤也可。土豆若干个，去皮切成条状，麻油、葱花炝锅，翻炒土豆，加适量的水和盐，盖锅盖烧开汤，土豆将熟时下莜面鱼儿，烧开后加入调味品即可。

还有一种做法是熬小米粥一份待用，煮熟莜面鱼儿后加入小米粥，汤开后，面鱼儿在金黄的小米粥里翻滚，所以下鱼儿又叫“鱼钻沙”。

三、莜面拿糕

莜面拿糕，也叫“莜面搅团”，俗称“搅拿糕”，是一种入口软糯爽滑的美食。将适量的水烧开后，将莜面慢慢撒在锅中，边撒边搅，成块后，再用淀粉水煮，煮熟后用擀面杖或勺子使劲搅拌均匀，铲出后可调上素汤吃。

有的地方，把莜面和黄豆面混合做馓饭或搅团。把莜面直接撒进煮着土豆块的水里，搅拌熬成黏稠状，就咸菜吃叫“馓饭”；或直接撒在开水里熬制成黏糊状，蘸放了辣椒或者蒜酱的醋汤吃，叫“搅团”。

“炒”味

“炒”，本是莜麦制熟的一道工序，经过炒制，莜麦的香味就出来了。莜麦在磨成面粉之前要在锅里炒一炒，直接炒熟，磨成粉就成了“炒面”。但是做不同的面食，炒的火候不同。有的地方把莜麦和炒干的甜菜根一起磨成粉，要求莜麦必须炒熟，这样做出来的炒面混合了莜麦的油香和甜菜根的甘甜，无论是干吃或者冲汤喝都非常美味。

“炒”味，主要指“炒面”。将生的莜麦面份放入铁锅内，小火下反复翻炒，面的颜色由白变黄，散发出特殊的香味即可。可以干吃，可以加开水调成糊糊，甜咸皆可。也可用煮熟的土豆去皮碾碎拌上炒面吃，或者直接拌上稀粥吃。当然，如果条件允许，再拌上些糖或胡油吃就更好了。据说加入红糖，用开水调成糊状后特别香，一个人吃，附近半里路的人都能够闻到莜面的香气。

炒面醇厚的味道被时光隐藏在记忆里，是漂泊者心中的一份惦记，是长大后难忘的童年影像——

记得在我小的时候，每年在家里麦黄前的一两个月，父亲总是要到陕西一带去赶麦场(他们这种人被称为“麦客子”)。母亲便为父亲装好半口袋用莜麦和甜菜根做的“炒面”，让父亲带上我们的挂念去陕西割麦挣钱。实际上村里很多去陕西赶麦场的人都一样，会带上这样的炒面，在没有活的时候，在下雨找不到雇主的时候，来一瓢雨水，冲一碗炒面维持日子。父亲回来的时候，总是在半夜我的梦里，第二天早上我才知道父亲回来了，柜子上放着他吃剩的那些莜麦炒面，那是我最喜欢的而不能经常吃到的东西。我便赶紧取了碗美美的吃一顿。然后听父亲给我们讲他在外边的辛酸经历。

炒面简便省时耐消化，既可佐餐，又可作为零食，更是远行者首选的干粮。英国传教士塞缪尔·柏格理的《在未知的中国》一书，反复提到中国西南少数民族经常携带和食用的一种“燕麦炒面”的美食。手持猎叉，行色匆匆的苗族男子，打开行囊，捧出燕麦炒面，拌上凉水，那扑鼻的清香与甜美，似乎越过历史的长河，飘到了现在。据说在明清两代被称为“草原丝绸之路”的绥蒙商道上，晋商驼队的随身干粮就是炒熟的莜面。

与土地一个颜色的村落

食 法

莜面主要蘸卤汤食用，冷热均可，荤素皆宜；可做主食，可为配菜。有一首流传至今的民歌《爬山调·吃莜面》，风趣地再现了吃莜面的场景：

白格凌凌的莜面捏成小窝窝，
沙个蛋蛋的山药煮下一大锅。
干腌芥菜切满一大盘，
再给你拿上个大花碗。
葱花花盐汤辣椒椒蒜，
吃得客人满头头汗。
吃了一碗呀又一碗，
……

这说的就是莜面窝窝蘸凉汤的吃法。“揭笼莜面香十里，山药开花烤皮皮，趁热与汤调拌起”，那热腾腾的莜面，拌上煮开花的沙瓤土豆，浇上调好的盐汤，撒上葱花、蒜末和辣子，就着腌制的芥菜，吃得那个香！

如果还有白酒（当地叫烧酒）喝，那更是胜过山珍海味的享受了——

冷调莜面捣烧酒，
山珍海味都不如。
一口莜面一口酒，
香得人们口水流。

“冷调莜面”就是用调制的凉汤拌莜面。夏秋两季，人们多选凉汤调配莜面。夏季，新鲜蔬菜多，将土豆、茄子蒸烂，黄瓜、水萝卜切丝，加上葱、蒜、醋、味精、葱花油等调味品调拌在一起，配着蒸出的莜面吃。秋季，农村自种的土豆、南瓜、白菜、圆菜等都可以凉拌着与莜面搭配起来吃。当地人对冷调莜面的配菜、盐汤也颇有讲究和说道——

鱼鱼搓得细针针儿，

窝窝推得薄凌凌儿，

山药煮得沙腾腾儿，

茄子烧得绵敦敦儿，

黄瓜、水萝卜调得脆铮铮儿，

芫荽、韭菜切得碎纷纷儿，

葱花、扎蒙、芝麻炝得黄冲冲儿，

盐汤兑得酸茵茵儿，

辣子拌得红彤彤儿，

吃在嘴里香喷喷儿。

天凉了之后，则多用热汤。特别是冬季，天寒地冻，热汤更受欢迎，俗话说"莜面蒸汤汤，庄户人上排场"。热汤有羊肉土豆汤、羊肉蘑菇汤、猪肉酸菜汤、猪肉豆腐汤等。将羊肉或猪肉拌上调料、胡油、辣椒、葱、蒜、韭菜等蒸成热汤（也叫臊子）调莜面吃。或用热烩菜调拌，腌制的酸白菜同猪肉或猪油、粉条、土豆、豆腐等烩出一锅烩酸菜，把蒸熟的莜面放在碗内，上面浇上烩菜，再放一些油炸辣椒调拌着吃。

羊肉蘑菇汤是温暖美味的蘸料，蒙、晋燕麦产区多食。据说康熙皇帝朝拜五台山时，对莜面和蘸料的味道赞不绝口。至今，羊肉臊子熬煮五台蘑菇汤仍是山西人心中的最佳酱料，“羊肉臊子台蘑汤，一家吃着十家香”。

有位游人回忆自己在清冷的风雨秋日与莜面偶遇的情景：

林间的一间小饭馆，饭馆只供应一种当地面食，有麦窝窝、面鱼鱼蒸煮炒两三种做法。随饭馆主人往来穿梭，一小碟醋蒜样调料放上桌，接着一小碗红黄相间的西红柿鸡蛋卤和一碗灰不溜秋的蘑菇肉片卤端来，跟着几个升腾着团团蒸汽的小笼屉端出了。土褐色的小面卷整整齐齐挨挨挤挤直立于屉中，氤氲热气里，一股与以往面香不同的滋腴油香弥散开来。问这是当地的黑粗面？答曰：“新打的莜面，蘸五台蘑菇卤吃，可香咧。”

热汤莜面吃得手心发热，周身温暖，从此难忘这一温暖美食，回家后效仿制作，虽形象欠佳但也觉得味美。现在，燕麦家族已成为家里饭桌的常客了。

当然，无论是凉汤还是热汤，都不需要太多，蒸熟的莜面本身味感油滑香甜，不必用过多的厚味配料佐餐。

另一种食法是凉拌莜面，作为凉盘。蒸熟的窝窝和鱼鱼，放入葱花、蒜汁、香菜、黄瓜和萝卜丝，调入精盐、香油、味精、酱油、醋等，拌匀即食，窝窝有时候要切成条或块或丁。

村民在长期生活实践中摸索了很多吃法，可按各人的口味不同和季节的变化，佐以不同的调料。但是，莜面虽然好吃，却不可多食。俗话说“莜面吃个半饱饱，一喝滚水正好好”，提醒人们食用莜面不可贪多。

在乌兰察布的农家，老辈人说起“莜面全席”，依然如数家珍：窝窝、馀馀(鱼鱼)、囤囤、含财、金棍、报折、圪团、耳朵、条条、丸丸、琳蝌蚪、海螺、紫金花、如意圪蛋、长尾鱼、柳叶、二莜面、玻璃饺子、莜面饺子、插花片片、山药馀子、螺丝卷卷、凉拌莜面、素炒莜面、炒揆类(傀儡、块垒)、回勺莜面、煮馀子、油煎对夹、油煎合子、莜面拿糕、莜麦锅巴、莜面锅饼、莜面摊饼、莜面火烧、莜面扭腰等,虽然大体上都是以形取名,因为是方言,很多时候音同字不同。但听着这些食谱,还是令人惊奇和感慨,一种食物的制作和传承,历经岁月,沉淀情感,藏着故事,载着历史。而现在,专门的莜面馆,常做的面食不过三五种。这种独特的面食制作技艺,在时光流逝中渐渐消失。

传说

在内蒙古中西部,至今还保留着正月初十过"莜面节"的风俗。

据说,正月初十老鼠娶亲。每到这一天,老百姓都会在屋隅、墙角及水瓮里点灯、焚香、敬纸,以示志贺,目的是贿赂鼠神,不要闹鼠患。这一天要吃莜面鱼鱼,在搓莜面鱼鱼的时候,用莜面捏成花轿蒸熟,放置在墙角、瓮底,以备鼠郎娶亲用。有些地区,老百姓会在这一天做莜面烙饼,放在鼠洞口,以庆祝老鼠娶媳妇。因此,老鼠娶亲的这一天又称为"莜面节"。

"莜面节"里,民间有许多与蒸食莜面相关的活动,祈望丰收。西北地区习惯蒸莜面窝窝来作为当年每个月的降雨量的预示,12 个带底的莜面窝窝代替每年的 12 个月,闰月年则多捏一个。莜面窝窝口朝上,按顺时针摆在笼屉里,蒸熟后仔细观察莜面窝窝里的水分,称为"禾水"。"禾水"代表哪一个月的窝窝水多，则表明那个月有雨水，水少则干旱。二十叫“小添仓”，农家用草木灰画圈“打窖”，吃莜面囤囤，喻为打粮窖；二十五叫“大添仓”，这天吃莜面或白面烙饼，叫“盖窑饼”，意为预祝当年丰收，粮食满囤。

在呼和浩特地区，“莜面节”还称为“过十指”，因为做莜面必须用灵巧的双手去和、搓、推、捏，十个指头都在舒展“劳动”。这个依然兴盛的习俗现在被赋予新的意义：过年期间，人们体内摄取了大量的脂肪，初十吃莜面等粗粮，可以清除体内垃圾，有益健康。

在内蒙古，还流传着一些关于莜面的传说和故事。

清代康熙皇帝远征噶尔丹，巡边多日，劳奔于野外，人困马乏，于是进入一百姓家借宿。饭桌上，主人献上莜面锅饼，饥渴交加的康熙感觉从未吃过这么美味的食品，简直超过了宫庭御宴。从此，多伦莜面锅饼经常出现在宫廷宴桌上。又说乾隆年间，莜面还作为贡品被送往京城。时光流转，到了19 世纪 50 年代，朱德两次来内蒙古视察，点名要吃莜面。他怀念当年在晋西北转战的岁月里多次在老乡家的热炕头上吃过的莜面，就是这筋道又耐饿的莜面，曾支持晋察绥陕革命根据地开展英勇而坚强的战斗。后来，朱德在回忆录中写道：“我一直很怀念塞北的莜面窝窝、莜面鱼鱼。”1973 年 9

月，法国总统蓬皮杜访华，周恩来总理陪同品尝了色香味形俱佳的莜面美食，蓬皮杜连连称道。

看来，当地人常吃爱吃的莜面，也具有令外乡人食之难忘的魔力，亲友远来，故旧重归，贵客临门，一餐莜面是首选。品尝罢特色面食的人们，兴致勃勃买了面粉回去制作，却难以成形，筋道感不足，空余美味无法复制的遗憾。似乎，离开这片土地，燕麦面食就失了她本来的模样和味道。鉴于此，当地的说法颇为有趣——“莜面腿短”。“腿短”，意即燕麦面粉的适应性差，离开种植区域，成形成熟均受一定影响，且面食制作工艺复杂，费时费工。因此，不仅走不远，甚至因为制作方法的复杂而渐渐远离都市人的三餐。

兼备食疗功能的优质谷物——燕麦，只能偏居一隅，养育一方吗？如何使人们充分享有燕麦食品的营养，又能接受燕麦的口感？如何破除瓶颈？燕麦米的生产，结束了“莜面腿短”的尴尬，开启了燕麦食用和加工的新篇章。

5

燕麦米食传奇

说起“燕麦米”，即使在燕麦产区，还是有不少人表示疑惑：燕麦还能加工成米？他们摇头哂笑：“燕麦种植两千多年，只知道春面吃，没听说过燕麦可以当作米来吃。莫非你说的是红莜麦？”“红莜麦”，指炒熟了的燕麦籽实，颜色金黄，可以直接食用，口感香脆，是农家的零食。但那也是“麦”，不是“米”。

怎么才能成功脱壳，而使燕麦能像大米那样焖饭煲粥呢？当燕麦籽粒经过精细加工，摇身一变为燕麦米时，这个问题便有了答案。那些浅黄色的燕麦籽粒，呈纺锤形或长卵圆形，看上去光滑洁净，在玻璃器皿里静静地与小麦、稻米为邻，超市的价签上清晰地标注：燕麦米。它看上去有点纤弱，不如稻米莹白，也不如小麦饱满。但是，燕麦加工成米，突破了燕麦食用的窄小天地。

燕麦米概念的提出，也就是近几年的事。在内蒙古，三主粮集团将这个概念变为现实，三主粮燕麦米成规模地生产加工出来，不经意间成为食米一族的新宠。

破局

三主粮燕麦米的研发，是一个长达四年的探索研发之旅，而燕麦米成规模地进入生产和消费市场，像一阵旋风一样，冲出塞北，南下中原，进驻东南沿海，不可不谓传奇。

十年前，当人们还在为"莜面腿短"而叹息时，三主粮集团已经在探索

三主粮燕麦米

如何突破燕麦加工技术的局限，思考燕麦的去壳、去芒、去皮等制约燕麦产业发展的老大难问题。由于天然燕麦颗粒非常柔软，想要获取米粒，必须经过烦琐的加工，而机器加工极易破坏燕麦粒，因此，燕麦虽极富营养成分，却一直未能产业化、规模化地走向市场。

三主粮集团研发燕麦米的过程充满了艰辛。反复试验、艰难探索、遭遇失败、不断改进，坚持不懈地突破一个个技术难关。随着研究与投入的不断

上古时期，伏羲氏教会了人类织网捕鱼、结绳记事，耕种粮食、驯养动物，促进了我国农耕文明的发展

天柱折，地维缺，自然灾害频发，风氏女娲，炼石补天，捏土造人。上到天庭盗取草木种子，藏于发间

深化，研发团队认识到，如果燕麦的推广问题得不到解决，就很可能面临在小杂粮范围内都无法占据一席之地的窘境；而要想有所突破，就必须改变两千多年来燕麦只能加工成面食的传统单一方式，开发出新品种，不仅要加工出适合北方人口味的燕麦面，还要加工成适合南方人口味的燕麦米。

历时多年的潜心攻关，三主粮集团成功解决了燕麦去壳、去芒、破壁、剥皮、去涩、去苦等问题，特别是通过规模化机械加工工艺，燕麦米的产出率达到了 60%～65%，燕麦米生产加工的规模化成为现实，其生产加工技术装备获得国家实用新型专利证书，三主粮燕麦产品经“北京中绿华夏有机食品认证中心”审核，通过“有机转换产品认证”，被认定为 AA 级绿色食品，许可使用绿色食品标志。这是传统经验与现代科技的遇合，也是草根企业家与专业研究者的携手。

在尝试用传统技术进行燕麦脱壳去皮的反复试验中，三主粮研发团队反复品尝脱壳或者半脱壳的燕麦米——煮粥、蒸饭从口感、味道、火候等，不断体味、改进，记录下一组组数据，在实践中逐渐总结出燕麦米的最佳食用方法。

目前，市场上有两种直接食用的燕麦米，一种是打毛破皮的，另一种是只打毛不破皮的，三主粮全胚芽有机燕麦米属于前者。这种生产加工工艺，改进和完善了直接食用型燕麦米的加工，使其在保留营养成分的基础上更加适口。短短几年，就推动燕麦米进入消费市场，越来越多的国人对燕麦价值有了认同，这种高蛋白、高能量、高纤维、低糖的绿色食品，是值得信赖的养生食粮、健康食品。

三主粮燕麦米与普通裸燕麦有什么区别呢？从营养价值上来说，没有区别。普通裸燕麦外壳坚硬、含有芒刺，食用的过程要经过三生三熟，原始

三主粮传奇：女娲藏种（剪纸作品）

女娲回到人间广散种子，从此，人们春种秋收，有了生活的粮食和饲料

三主粮传奇：神农尝百草（剪纸作品）

神农时期，神农尝辨百草，分出药草和粮食

三主粮传奇：后稷辩谷识雀麦（剪纸作品）

谷神后稷，身耕与民，偶逢一草，苗弱似麦，穗散而疏，雀食其籽，畜食其茎。风拂而过，其声如龠，其势如丝，弃呼为蘥，亦为雀麦

民间操作比较繁琐难学，且口感不易为大众习惯，另外，对肠胃消化以及营养吸收产生影响，也不可多食。因此，燕麦营养价值虽然很高，能起到的营养保健作用却大受局限。三主粮全胚芽有机燕麦米，采用了独特工艺去壳、破壁、去芒、去涩、去糙，保留了裸燕麦原有麸皮和全胚芽，也就保存了燕麦的营养素。煲粥后口感滑糯，与大米混合蒸饭后食用筋道。目前，在华南、江浙一带，深受消费者青睐。

"三主粮"这个品牌，源自"第三主粮"的概念。第三主粮的概念包括了以燕麦米和燕麦面为主食的饮食结构的调整，我们习惯了北麦南稻的饮食结构，但是小麦和稻谷两大主粮品种长期处于紧平衡状态，特别是稻谷，它产量波动大，储存难，是引发市场变化的先导和敏感品种，在这种背景之下，另辟蹊径，打造小麦、稻米之外的第三种主粮——裸燕麦，对于缓解两大主粮小麦略有盈余而稻米尚有缺口的紧平衡状态将大有助益。所以，数年前燕麦研究者和企业家提出"燕麦作为第三主粮"这个理念并且身体力行，倡导大面积推广极具经济价值的裸燕麦种植，"合天时、地脉、物性之宜，而无所差失，则事半而功倍"。燕麦米，拓展了在内蒙古乃至大西北种植、加工燕麦的潜在空间。

目前，三主粮集团在内蒙古包头市固阳县西斗铺镇，陆续投资建设天然燕麦示范种植基地。基地地势平整，集中连片，有良好的水浇灌溉条件，使用农家肥，统一制定种植、管理规程，与农户签订种植和购销合同，统一向合同农户供应优质种子，提供种植技术方案，统一组织技术培训，进行全程技术服务，并按合同约定回收合格产品，然后再进行规模化加工，标准化包装后，组织产品销售，实现利益联动。三主粮集团股份公司在内蒙古呼和浩特市经济开发区投资兴建的10万吨燕麦生产加工厂，既是存储绿色裸

三主粮传奇：蒙恬戍边固阳城

秦朝，始皇帝，派遣大将蒙恬戍边稒阳，筑长城，修直道，屯田垦地。燕麦传到了阴山地区，成为了晋、陕、蒙、冀军民的主要粮食作物

三主粮传奇：张骞出塞（剪纸作品）

汉代张骞出使西域，开辟了丝绸之路，燕麦也随之传播到了西亚及欧洲，伴随着西方文明开始了在欧洲的广泛种植

燕麦原粮的巨大的仓库，也是三主粮燕麦米走向市场的出口。

燕麦米的研发和大规模生产，可以说是打开了一扇窗，从这个窗口，隐约可见一个广阔且富有潜力的燕麦市场。因为燕麦米制作方便，食用美味，燕麦产区开发适合中国人口味、饮食习惯的燕麦产品，成为燕麦研发的一个方向。我们知道，麦片制作的原粮是燕麦籽粒，过去因为加工技术和脱壳设备的局限，燕麦籽实中的部分带壳麦粒影响了麦片加工质量和口感，很长时间内大型麦片加工企业的原料主要靠进口。近年来，随着裸燕麦米的生产，燕麦片加工逐步国产化，虽然现在60%的原料还要依靠进口，但燕麦主产区的中小型加工厂全部选用国产裸燕麦作为麦片原料。裸燕麦的蛋白质和可溶性纤维等主要营养成分高于皮燕麦，且其主要分布在高寒边远之地，原始耕种，不施化肥农药，无论生长环境还是种植均无污染。所以，当燕麦米能够成规模加工生产，并作为原料在燕麦片上的大量应用，既提高了麦片的营养价值，又促进了燕麦米的市场需求，从根本上促进了燕麦种植业和加工业的发展。

食用

从外观上看，燕麦米与燕麦籽粒的区别并不明显，看上去就是燕麦籽粒去掉了麦毛和部分皮层组织。事实上，燕麦米是对燕麦籽粒进行脱皮、灭酶处理后获得的燕麦产品，是地道的中式新型燕麦食品开发。

从燕麦面到燕麦米，看起来不过一字之差，带来的却是饮食结构和营养保健的种种改变。据统计，全球约有一半左右的人口以大米作为主食。在我国的13亿人口中，有60%的人以大米为主食。与燕麦相比，大米色泽莹

元朝，成吉思汗西征欧亚，燕麦成为蒙古大军重要的军马粮草

明朝名医李时珍发现燕麦的药用价值，记载于《本草纲目》

清末民初，晋陕受灾地区的人们为了寻找活路，北上“走西口”，到内蒙古的西部地区垦地放牧

白，口感良好，煮熟后香气浓郁，燕麦米粥饭的香气不浓，颜色黄，焖熟的饭颗粒间疏松多空隙，没有黏性。但是，燕麦的营养价值高于大米。燕麦米的加工和食用，打破了 2 000 多年来中国人食用燕麦的定势和习惯，燕麦将拥有更多的消费群体。

一、加工

燕麦原粮首先要清理，去除燕麦中的皮燕麦、草籽、灰尘等，打磨燕麦表面的绒毛。一直以来，行业内认为中国生产的裸燕麦原粮中含杂质较多，难以加工成燕麦米，裸燕麦中含有野生苦荞和一些带壳燕麦难以清除；而且天然燕麦颗粒非常柔软，不易加工成完整颗粒。农家在长期的生产生活中积累了不少经验，燕麦磨粉之前需要清杂、淘洗和炒制，清除杂质去除麦毛，在炒制中灭酶。燕麦米的加工程序与此相近，而清杂主要靠人工筛选，不适宜大规模生产。目前，中国裸燕麦加工企业通过长期研究，在多种加工机械组合之下，发明了燕麦米深加工技术。主要流程包括清杂、打毛、除壳。

清理杂质是首要的工作，燕麦籽粒中混杂着不少杂草籽粒，如野生苦荞，还有空壳、瘪壳、难以去壳的野生裸燕麦粒，以及茎梗、麦秆、石砂等，比重不一。清杂主要借助风力选机器和比重选机器合作进行。在风力作用下，据麦粒大小选用不同尺寸和形状的筛网，去除比重不一的各种杂质和砂石。打毛，主要利用摩擦作用打磨掉燕麦表皮的茸毛和一小部分麦粒表皮，通过麦粒之间的摩擦以及麦粒与设备相互的摩擦，磨去麦毛，清洁表皮。打毛之后要及时进行湿热处理，通过汽蒸或者红外烘烤的方法，杀菌灭酶。最后烘干，通过风冷的办法使燕麦米的温度和水分降下来。除壳是针对部分带壳燕麦，即在生长中自然产生的退化麦粒，利用分离机器设备去壳。在采用新型机械设备加工之前，传统的清杂打毛主要依靠人工，扬场过程中借

走西口的民众的生活习俗和饮食文化，与当地蒙古族传统文化融合，形成了独特的内蒙古西部区地方文化

燕麦也随着走西口的民众扎根在了阴山一带，生根发芽，世代相传，成为当地人的主食

助风力清除一部分比重轻的杂质，然后用簸箕和筛子再清理一次，在淘洗过程中继续清理，利用炒制打毛灭酶，效率低下，且这个过程中麦毛侵袭痒痛，尤为辛苦。

加工好的燕麦米，形态完整，色泽光亮，可以直接食用，也可以作为燕麦片的初加工原料。与莜面相比较，燕麦米营养价值不变，但食性更佳，煮粥米香浓郁，口感润滑，不但适合北方人的口味，对于南方食米族来说，也契合饮食习惯。燕麦米的出现，使得这一健康美味的食品不再养在深闺人不识，从此走入寻常百姓家。

二、食用

大部分中国人喜欢吃米，以燕麦米部分取代大米煮制米饭或者米粥，能够被大多数人所接受，在非种植区域及都市人的餐桌上，经常能看到燕麦米食的踪影了。与面食相比，米食的制作要简单得多，一粥一饭，不过就是蒸煮，几乎没有什么花样，更谈不上技艺。但是，简单的制作易于普及，寻常的味道反而值得细品。

（一）燕麦米饭

燕麦米具有和大米一样的适口性和实用性，食用方法与大米相同。若是单以燕麦米焖饭或蒸饭，虽也具有麦类作物独特的香味，色泽却没有米饭的晶莹剔透，口感和香味也略逊一筹，燕麦米饭口感筋道，但色泽暗黄，颗粒间疏松多空隙，没有黏性。对吃惯了大米饭的人们来说，燕麦米饭在色香味上是一种全新的体验。

燕麦的营养价值高于大米。“燕麦米的糖类含量略比大米含量低，而除此以外，燕麦米的其他营养物质均比大米高出很多，平均是大米的 6.8 倍。”燕麦和大米混配后，其营养物质含量会随燕麦比例的增加而改变。如果不

燕麦在当地被称为“莜麦”,莜麦收割后,籽实经过晾晒,要在锅里炒熟,碾压,过筛,得到面粉

食用时,用开水把莜麦面粉拌和,以搓、推等手法辅以简单的工具,做成鱼鱼、囤囤等形状蒸熟食用

考虑蒸煮后米饭的口感,自然是燕麦米添加的比例越大,蒸煮后燕麦米饭的营养价值越高。但是,我们的味蕾十分挑剔,对食物的色香味的要求和习惯难以接受纯燕麦米饭,于是就有了燕麦混合米——大米与燕麦米混合得到的产品。燕麦米和大米混配后,蛋白质、脂肪含量呈均匀增长趋势,综合营养价值提高,营养保健功能优于普通大米。

在实践中,人们发现焖米饭最好的方法是燕麦与大米的混配蒸煮。燕麦米的吸水率是大米的 1.1 倍,因为燕麦中的 β－葡聚糖和预糊化淀粉的吸水率明显高于纯大米的吸水率,所以,在制作燕麦大米混合饭时要调整加水量,一般将燕麦米按总量的 10%～30%添加,焖熟后香味浓郁,口感爽滑,有嚼劲,黏弹性好。

我们对食物总是精益求精,不懈探究燕麦米和大米的最佳混配比例(即人体最易吸收)。一项研究表明,大米和燕麦米蛋白的必需氨基酸组成存在良好的互补关系。通过氨基酸评分,以苯丙氨酸含量为指标,进行蛋白质配比,最终确定大米和燕麦米的最佳配比为 7.6∶2.4,即混合米中燕麦米的百分含量为 24%时符合人体最佳氨基酸模式。质构分析结果表示,随着燕麦米比例的增大,米饭的硬度增大,而黏着性降低。而经过感官评价总结燕麦米含量约为 20%的米饭,其硬度和黏着性适中,口感良好。因此,从营养模式、感官评价、质构分析 3 方面研究燕麦米和大米的混配,经各方面试验证明,当燕麦米比例约占 20%时,其燕麦混合米的营养价值最高、口感丰富、感官效果最好。

因此,在焖饭的时候,将 20%的燕麦米单独浸泡 15 分钟后,和大米混合焖饭。熟透的燕麦混合米饭润泽晶莹,燕麦米点缀其间,既能弥补纯燕麦米饭口感风味的不足,也能保证燕麦营养物质的摄入。

三主粮集团研发出燕麦系列产品，将燕麦的天然、营养、健康成分充分发挥

现已形成了合理，环保，健康的种植、生产、科研、加工、销售一体化的产业链条

三主粮燕麦产业迎来了发展的春天

剪纸作者：尚国庆

（二）燕麦米粥

燕麦米可以直接煮粥，去皮燕麦米取100～150克，淘洗干净，锅中倒入适量清水，放入燕麦煮开，中火煮40分钟之后，燕麦粥色如牛乳，味道香浓，口感筋道。

除了原味的燕麦粥，也可以根据个人喜好添加各种美味。

例如，可以将燕麦米与糙米一起做混合米粥，将燕麦米和糙米泡几个小时，这样能让燕麦米充分吸水，减少煮粥时间。还可以做菜粥，如虾皮香芹燕麦粥，取燕麦150克，虾皮20克，芹菜50克，将燕麦淘洗干净，芹菜择洗干净，切小丁，锅中倒入适量清水，放入燕麦煮开后，放入虾皮，以小火煮至软烂，加盐调味，撒上芹菜丁后，再淋上香油即可。又如银耳枸杞燕麦粥，取燕麦100克，干银耳两朵，枸杞20粒；燕麦淘洗净，银耳、枸杞温水泡发；锅中倒入适量清水，放入燕麦煮开；银耳洗净后摘去根蒂，撕成小朵放入锅中与燕麦同煮；半小时后，加入枸杞，煮10分钟即可。喜欢水果的还可以添加雪梨、苹果、山楂、猕猴桃等，100克燕麦淘洗净，锅中倒入适量清水，放入燕麦煮开呈牛乳状，水果切小丁放入同煮10分钟即可。

这里有无尽的想象空间，原味粥、菜粥、肉粥、水果粥、八宝粥，不胜枚举。只要想一想那些名字，似乎就品尝到独特的味道了：银耳雪梨燕麦粥、桂圆莲子粥、燕麦南瓜粥、燕麦红豆粥……简直是一个令人眼花缭乱的“粥世界”。

（三）燕麦片粥

燕麦片，指燕麦籽实轧制而成的扁平状，直径约相当于黄豆粒，形状完整。这种来自蒸煮、轧片、烘干的谷物，通常被放在牛奶和果汁里，或熬煮成麦片粥加以食用，一直是欧美各国主要的即食早餐食品。裸燕麦经过加工制成麦片后，口感得到改善，省时而又富含营养。

燕麦虽然不是我国农业和加工业所普遍重视的谷物，但是由燕麦制造而成的燕麦片，却是国外传统的方便食品，其销量之大可与啤酒和快餐相比。食用方便的燕麦片是否保留了燕麦中的所有营养成分。目前，市场上出售的燕麦片主要有纯麦片、果味混合麦片和速溶营养麦片三种，这三种麦片因为深加工、熟化过程及成分添加等原因，在营养价值上有一定的差别。纯燕麦片，也称原燕麦片，形状完整，基本上没有添加其他成分，会散发出一种淡淡的天然麦香。纯麦片又分两种，煮食麦片和即食麦片，前者由生麦片制成的，需要煮 20～30 分钟才能食用；后者经过高温处理，已经是熟的，食用时只需要用开水或者热牛奶冲调加盖焖 3 分钟即可。从营养学角度来说，整谷类、简单加工而成的产品，营养成分保留较为全面，尤其是各种矿物质和维生素，存在于燕麦麸皮中的膳食纤维不会因为粉碎精制而损失。从加工工艺来看，国外燕麦片和国内燕麦片都主要经过皮燕麦原粮清理脱壳、热处理、碾皮、切粒、蒸煮、压片、干燥成品，只是根据皮燕麦和裸燕麦的不同而略有差异。所以，纯麦片的营养价值比较高，因为没有过多的加工工艺，只是简单地将燕麦压制成麦片，保证了谷类的完整性。经过处理的速食燕麦片形状大多不完整，轧制过程也会导致燕麦中一些核心营养素的流失，再加上口感的糙涩，导致消费者对其的依赖度明显下降。

越来越多的都市人，特别是忙碌的上班族，喜欢在早晨用煮沸的水或牛奶冲一碗香甜的燕麦片，其方便和美味似乎成了这一份早餐独特魅力。但是，如果有兴趣上网搜一下，在令人目不暇接的麦片食谱信息流里，我们发现需要区别两个概念：麦片和燕麦片，人们喜食的麦片，可能并非天然的纯燕麦片。麦片，是多种谷物如小麦、大麦、稻米、玉米混合而成，其中燕麦片只占一小部分或者不含燕麦片；纯燕麦片，是燕麦籽实轧制而成，煮起来有些费功夫，味道清淡，口感黏稠，吃起来甚至有些涩口。国内的麦片成品多追求口感的细滑，麦芽糊精、砂糖、奶精、香精之类多有添加，相比之下，国外的产品添加水果干、坚果片、豆类碎片等，可丰富膳食纤维的种类，也更加营养健康。人们已经在精加工食品浸润的饮食习惯中迷失了对食物的原初需求，对口味的苛求使得添加糖分或者植脂末的麦片更受欢迎，但是，天然的纯燕麦片，无添加成分，富含蛋白质，钙、钾和 β－葡聚糖以及较多

的不饱和脂肪酸，营养价值高，才是天然健康的粮食。

燕麦米可做饭，可煮粥——包括米粥和麦片粥的各种养生粥，原燕麦片口味较淡，食用时可添加牛奶、坚果碎片、肉松、蜂蜜、水果等调味，也可添加各种营养素。此外，还可在打豆浆的时候，添加适量的燕麦米，制熟的豆浆更加黏稠油香，营养美味。

现在，我们不必制作复杂的面食就可以获得燕麦的营养，不得不说，燕麦米的成功研发，带来了国产裸燕麦消费市场的春天。

6 燕麦的价值

人们对燕麦价值的认知经历了一个漫长的过程，“救助饥馑”、“舂去皮，作面蒸食及作饼食”，道出了燕麦的食用价值，“燕麦甘凉，祛烦养心，降糖补阴，强肾增能，美颜美容”则强调其药用价值。事实上，在中国古书的记载中“雀麦……气味：甘、平、无毒。主治(米)充饥滑肠，(苗)胞衣不下”，可知燕麦最先是被当作有医疗效用的植物被记载，后来才被广泛食用。如此说来，这仿佛是燕麦价值的一次回归，正合了中国传统医学“药食同源”的理念。《本草纲目》中记录燕麦的花“令人蠲忿”，意思是燕麦的花朵具有解除愤怒和郁闷的作用。而现代医学发现，燕麦中含有一种类似荷尔蒙的物质，使人有兴奋效用。可见，燕麦最早是被当作有医疗效果的植物为人们所认识的，其保健功用已得到现代科学的佐证。

从传统饮食“用以果腹”跨越到“极具食疗价值”，从燕麦产区的特色主食，到中国大多数人日常饮食结构中的第三主粮，从上好的饲料到“生态种子”、“美容珍品”……不经意间，燕麦在人们的视野中一次次变身。

营 养

在燕麦谷，过去90%以上是以燕麦面粉为主食，现在也仍然占到50%。燕麦出粉率高于小麦10%左右，一般可达到95%，古有“磨尽无麸”的记载。民谚所说：“一斤莜面二斤饭，一斤白面斤八两”，意即燕麦粉的出饭量也高于白面。

燕麦食之美味，抗饿耐饥，俗话说“四十里的莜面，三十里的糕，二十里的荞面饿断腰，白面、大米吃不饱”，或者也说“五十里莜面，四十里糕，三十里豆面饿断腰”。总而言之，民间对莜面食品的耐饥品质有充分的信任和经验，吃一顿莜面就能拥有徒步行走三五十里（1里=0.5千米）山路的充沛体力，在物资匮乏的年代，莜麦的“耐饥扛饿”对艰辛劳作的农人实在是最为可贵的品质。

燕麦既是居家常食之物，又是精做待客的特色饭食，其备受推崇的食用价值离不开丰富的营养价值，与其他粮食作物相比，燕麦具有较高、较全面的营养价值，堪称“谷物之王”，其营养及功效一直为当地人所熟知，有回忆文章写道：

燕麦的产量比荞高，比小麦低，每亩大概三百斤到四百斤，但是，营养价值极高。以前，由于大家的生活水平都很低，很多人家生养了小孩后，营养跟不上，孕妇没有足够的奶水奶孩子，小孩子发育不良。这个时候，他们就会找左邻右舍，借上几十斤燕麦，用大铁锅炒熟后，再用石磨磨成粉，这就是世代相传的燕麦面了。……吃上十天半个月后，孕妇的奶水就足了，小孩的脸也白里透红了。还有，家里如果有行动不便、反应迟钝的老人，吃了燕麦面也可以缓解病情。所以，在老家，只要条件许可，每家每户都会种上一块燕麦，以备不时之需。

有关研究所获得的一组数据可作为注解(表 1)。

表 1 每 100 克燕麦粉和其他作物营养成分对照表(马德泉,1998)

营养成分	裸燕麦粉	小麦粉	粳稻米	小米	荞麦面	大麦	高粱粉	黄米面	玉米面
蛋白质/克	15.16	9.4	5.7	9.7	10.6	10.5	7.15	11.3	8.9
脂肪/克	8.8	1.3	0.7	1.7	2.5	2.2	2.6	1.1	4.4
碳水化合物/克	64.8	74.6	76.8	76.1	68.4	66.3	70.8	68.3	70.7
热量/千卡	391	349	349	359	354	352	336	329	358
粗纤维/克	2.1	0.6	0.3	0.1	1.3	6.5	1.2	1.0	1.5
钙/毫克	69.0	23.0	8.0	21.0	15.0	43.0	44.0	–	31.0
磷/毫克	390	133	120	240	180	400	–	–	367
铁/毫克	3.8	3.3	2.3	4.7	1.2	4.1	–	–	3.5
维生素 B_1/毫克	0.29	0.46	0.22	0.66	0.38	0.36	0.27	0.20	–
维生素 B_2/毫克	0.17	0.06	0.06	0.09	0.22	0.10	0.09	–	0.22
尼克酸/毫克	0.80	2.50	2.80	1.60	4.10	4.80	–	4.30	1.60

比较之下不难发现,燕麦的确是禾谷类作物中最好的全价营养食品之一,含有蛋白质、脂肪、碳水化合物、维生素、矿物质等人体需要的营养物质和能量,特别是蛋白质、脂肪、热量、粗纤维、维生素 B_2的含量均高于小麦、稻米这两种主要食粮。我们将逐一介绍燕麦的重要组成成分,由此解开燕麦的价值密码。

一、燕麦蛋白

蛋白质是一切生物细胞的重要组成部分。可以说,没有蛋白质,就没有生命。蛋白质的含量,是衡量食物营养水平的重要标准。蛋白质由各种各样的氨基酸按一定顺序连成一串,对人体来说,有八种氨基酸是必需的,它们是:赖氨酸、色氨酸、蛋氨酸、苯丙氨酸、异亮氨酸、亮氨酸、苏氨酸、缬氨酸。如果蛋白质含有这八种氨基酸,就叫做完全蛋白质,否则就是不完全蛋白质。

燕麦蛋白的含量比较高,一般在 11.3%～19.9%,这在粮食作物中居于首位。有关研究指出:“燕麦中的蛋白质含量是所有谷物中最高的,因品种不同而异,但多数在16%左右。与小麦粉相比,燕麦的清蛋白和醇溶蛋白含量较低,谷蛋白含量相差不大,球蛋白含量较高。燕麦蛋白质含有18种氨基酸,且氨基酸组成平衡,具备人体必需的8种氨基酸,特别是含有大米等食品中缺少的赖氨酸。因此,有研究称燕麦蛋白的营养价值位居植物蛋白的前列,在促进人体生长发育,提高免疫力方面优于一般的谷物蛋白。”

看来,燕麦含有优质的蛋白质资源,不仅含量高,且氨基酸组成比较全面,包含人体必需的8种氨基酸,这是评价燕麦营养价值的重要标准。组成蛋白质的基本材料是20种氨基酸,它们以不同的数目、不同的连接方式组合,就可产生千百万种不同的蛋白质,自然界千变万化的生命就这样产生了,所以氨基酸被成为“生命的标志”。大多数植物都能合成自身需要的全部氨基酸,哺乳动物自身却没有这种本领,像赖氨酸、色氨酸等8种氨基酸不能在人体内自行合成,必须从食物中摄取补充,称为“必需氨基酸”,显然,富含氨基酸的燕麦是极好的营养食品。

从表2中,可直观地了解燕麦粉中8种必需氨基酸的含量,与其他谷物比较,是当之无愧的佼佼者,特别是一般谷物中缺少的赖氨酸,是大米和小麦粉的2倍多。

表2　燕麦粉与其他谷物的比较　　单位:毫克/100克

食物名称	赖氨酸	色氨酸	苯丙氨酸	蛋氨酸	异亮氨酸	亮氨酸	苏氨酸	缬氨酸
燕麦粉	680	212	860	225	506	1345	638	962
小麦粉	277	128	529	168	351	790	247	460
稻米(籼)	295	118	355	150	243	654	292	415
稻米(粳)	257	121	338	128	246	632	286	391
成人每日需要量	400	550	785	625	625	860	860	200

在 Osboren 蛋白质分类法中，燕麦蛋白分为清蛋白、球蛋白、醇溶蛋白、谷蛋白四类，以球蛋白含量最高，占到 50%以上，易被人体消化吸收。其他蛋白分别占比 23%、11%和 9%。大量研究表明，球蛋白通常具有免疫性。但目前的球蛋白提取大多源于哺乳动物，随着免疫球蛋白功能食品的研究与开发的进一步发展，燕麦球蛋白的功能特性，将为免疫球蛋白的开发提供广阔空间。

二、燕麦脂质

脂，存在于所有的活细胞中，各种脂肪和磷脂、糖脂、胆固醇，都称为脂，它是生物结构和功能都不可缺少的有机物。脂的作用主要是贮存和供给能量，因此，被称为“能量中转站”。

燕麦脂质由油和脂肪组成，燕麦油脂是优质的植物脂肪，甘油三酯是燕麦脂质的主要组成部分。在所有谷物中，燕麦中的脂类含量高居榜首，脂

燕麦铃铛

亭亭玉立

肪含量 3.65%～9.38%，最高可达 14%，平均为 6.33%。90%以上的脂质来自胚乳和麸皮。

燕麦油脂有重要的营养功能，其不饱和脂肪酸含量高，包括亚油酸和油酸，特别是人体必需的亚油酸占总脂肪酸的比例达到 38%～52%，相关研究表明："燕麦油中 80%为不饱和脂肪酸，其中，亚油酸含量占不饱和脂肪酸的 48.1%。饱和脂肪酸、单不饱和脂肪酸和多不饱和脂肪酸的比例为 0.5∶1∶1，这与市场上调和营养油三种脂肪酸 0.7∶1∶1 的比例相近。燕麦油脂中还含有内源性的维生素 E 前体，它们可以维持燕麦油脂的稳定性，清除人体内的自由基。燕麦中的卵磷脂具有预防脂肪肝、保护心脏、促进大脑发育、提高记忆力、消除青春痘、预防老年痴呆症等功能。因此，燕麦亦称得上是营养和保健价值优良的新型油脂资源。"

磷脂在植物中重要分布于种子中，燕麦中含有较多的磷脂。在人体生命活动中，磷脂是特殊的生理活性物质，参与人体新陈代谢过程。

燕麦由于油脂含量高，在制粉时容易堵塞磨粉机，所以燕麦粉的细度要比小麦粉粗一些。

三、淀粉

在淀粉这一指标上，燕麦淀粉具有与小麦等谷物不同的特性。燕麦淀粉具有较高的糊化特性和抗老化性质。燕麦淀粉颗粒细小，不像小麦、大麦那样容易聚集，形状不规则，双折射现象较弱，与大米淀粉形状颗粒大小相似，以单个分子形式存在，小于玉米淀粉颗粒。一般谷物淀粉中含有小百分比的脂质，但是，燕麦淀粉中的脂质含量高于玉米、小麦、大米淀粉，而且燕麦脂质中的 2/3 是溶血磷脂，1/3 是游离脂肪酸，燕麦淀粉中的微量磷含量正是由磷脂带来的。

四、燕麦膳食纤维

膳食纤维，是指人体内不被消化吸收，而在大肠能部分或全部发酵的可食用性碳水化合物及其类似物质的总称。按其在水中的溶解性特性，可分为水溶性膳食纤维和水不溶性膳食纤维两类，前者能改善肠道功能，后者有利于降低胆固醇。因其在预防便秘和直肠癌、降低血清胆固醇、调节血糖水平等的功能，膳食纤维被世界卫生组织称为人体必需的“第七大营养素”。

燕麦和大麦富含粗纤维。燕麦兼具不溶性纤维和可溶性纤维，被誉为天然膳食纤维家族的“贵族”。可溶性膳食纤维约占总膳食纤维的 1/3，其主要成分 β－葡聚糖（β－Glucan）是一种纯天然的葡萄糖聚合物，作为膳食纤维的主要成分，因对人体的重要营养和保健作用而备受重视。

葡聚糖是一类以葡萄糖为基本结构的多糖类物质，有 α 型和 β 型两种，自然界中的葡聚糖普遍是 β 型，是和谷类植物籽粒胚乳和糊粉层细胞壁的主要成分，α－葡聚糖目前以人工合成为主。燕麦 β－葡聚糖是禾草与禾谷类作物籽粒中特有的一种多糖，β－葡聚糖在燕麦中含量较高，有80%的可溶 β－葡聚糖，分布部位主要集中在糊粉层，胚乳细胞壁中较少，是燕麦麸皮的重要营养成分之一。

五、矿物元素和维生素

燕麦中含有丰富的钙、锌、锰、硒、铁、磷等矿物元素，含量均高于其他谷物的含量。比如硒的含量，位居谷物之首，具有增强免疫力、防癌、抗癌、抗衰老等作用；锌则可以促进伤口的愈合。燕麦中丰富的维生素 E 可以改善血液循环，调整身体状况，弥补稻米中维生素 E 的不足；B 族维生素，特别是B_1、B_2含量丰富，和糖、蛋白质、脂肪的代谢密切相关，可以帮助维持心脏、神经系统功能，维持消化系统及皮肤的健康，参与能量代谢，能增强体质。

六、酚

具抗氧化性酚类成分是一组种类繁多的天然物质，在谷粒的最外层谷糠中所占比例丰富，因为裸燕麦通常是以整个谷物的形式来食用的，所以被认为是酚类抗氧化物的良好来源。目前，在燕麦中发现存在多种酚类物质，主要包括简单酚酸类、黄酮类、维生素 E 等物质，并主要以游离性的酚酸、可溶性酯以及与蛋白质、糖等组成的不溶性化合物 3 种形式存在。燕麦的抗氧化活性已成为西方发达国家研究热点之一。

经过了这样一场燕麦和其他谷物价值比赛，这种生长在海拔 1000～2700 米的高寒地区的古老粮食作物频频获胜。燕麦具有高含量的蛋白质、低碳水化合物的特点，又富含可溶性纤维和不溶性纤维，能大量吸收人体内的胆固醇并排出体外，这正符合现代所倡导的“食不厌粗”的饮食观；且燕麦含有高黏稠度的可溶性纤维，能延缓胃的排空，增加饱腹感，控制食欲;含有燕麦的饮食结构有助于长期控制能量摄入,缓慢消化碳水化合物对血糖的影响。燕麦纤维可减轻饥饿感,有助于减轻体重,这使得许多时尚人士都把燕麦列入日常食谱,既补充营养又控制食欲。

看到这里，就以现代科学的方法解释了为什么在有些燕麦主产区,那里生活的人们在水果和蔬菜贫乏的情况下,却没有发生严重的维生素和相关营养缺乏引发疾病的原因,就是因为他们世代以燕麦这一极具营养价值的谷物作为主食的缘故。

保 健

美国著名谷物学家 Robert W.welch 在第二届国际燕麦会议上如是评价:"与其他谷物相比,燕麦具有独一无二的特色,它具有营养平衡的蛋白质和能形成高水溶性交替及抗血脂的有效成分,它对人类提高健康水平有着异常重要的价值。"燕麦具有的营养和保健双重功效,能够满足现代人膳食结构的要求,作为药食同源、药食兼用的粮食作物引起医学界和营养学界的高度重视并不意外。

燕麦的这种特有的营养组成究竟怎样对人体产生保健功能？研究表明,在燕麦的诸多营养组成中,保健功能因子首推燕麦膳食纤维。1964 年，美国科学家通过 20 例临床试验观察，首次证实每天食用 140 克全麦面包可明显降低血液胆固醇水平,其后各国科学家相继进行了大量研究,表明燕麦的保健功能主要在于燕麦中富含可溶性膳食纤维 β－葡聚糖。我们知道，这种主要存在于燕麦麸皮中的膳食纤维包括水不溶性膳食纤维(IDF)和水溶性膳食纤维(SDF)两类,其中,IDF 主要包括纤维素、半纤维素和木质素,它可以增加消化道内容物的体积,携带体内的有害物质;SDF 包括主要

β－葡聚糖，这种黏性多糖分子的由大小和细微结构的不同导致黏性等功能性质的差异，使得不同分子的β－葡聚糖具有不同的保健功能。"20世纪60年代以来，大约有1 000多篇论文报道了β－葡聚糖在调节血糖、血脂、软化血管、预防高血压、增强机体免疫力、预防心血管病、脑中风、抗皮肤过敏、控制体重等功能。"

当一粒粒燕麦经过咀嚼进入人体，燕麦β－葡聚糖就到了大显身手的时刻。

一、阻击胆固醇

燕麦β－葡聚糖在胃和小肠中部分溶解，增加了小肠中食物的黏性，黏性的增加阻碍了小肠中消化酶对营养物质的作用，从而阻碍了人体对营养素、胆固醇以及胆酸汁的吸收。在这里首先实现了对"过盛营养"的第一道遏制。

这时候，在小肠里，胆酸汁吸收减少，β－葡聚糖与胆酸汁结合，结果是胆酸汁排泄增加、初级胆酸汁合成。为了弥补损失的胆酸汁，人体肝胆固醇转变胆汁酸的加速，导致肝胆固醇含量降低，反馈性的引起肝胆固醇合成增加，意味着胆固醇的代谢加快。

胃肠道黏性的增加还延缓了血糖的升高，因此，胰岛素分泌减少，肝脏合成胆固醇的能力下降了，即减少了胆固醇的生产。β－葡聚糖还在胃肠中捕获胆固醇，调节胆固醇代谢，减少小肠对脂肪和胆固醇的吸收，从而降低血清胆固醇。β－葡聚糖还在结肠通过微生物发酵降解产生抑制胆固醇合成的物质。

这样，在人类的消化系统中，燕麦β－葡聚糖就扮演了反胆固醇入侵的卫士，或者阻止进入，或者加速排泄，或者抑制合成，多管齐下控制了人体对胆固醇的过多吸收。

朴拙

二、与“载脂蛋白”兄弟一敌一友调节血脂

载脂蛋白是血浆中胆固醇转运体的组成部分，在体内对受体的识别和酶的激活有着重要作用。过高的载脂蛋白 B（ApoB）经流行病学与临床研究确认是冠心病的危险因素。因为它参与脂质转运，参与极低密度脂蛋白的合成、装配与分泌，参与低密度脂蛋白与动脉粥样斑块结合，对动脉粥样硬化的形成具有极其重要的作用；它还反映低密度脂蛋白的颗粒数，识别全身各组织细胞中低密度脂蛋白的受体、运输内源性胆固醇和甘油三酯。可以说，载脂蛋白 B 是促使人体血脂上升的活跃分子。

而载脂蛋白 A（ApoA）则与它的 ApoB 兄弟不同，作为高密度脂蛋白的重要组成部分，它可以与卵磷脂和血浆内的多种因子结合，并能与细胞膜受体结合后激活胆固醇代谢中的关键酶，促使高密度脂蛋白中胆固醇酯化而促进外周的胆固醇进入高密度脂蛋白，运输到肝脏排出了，而达到清除胆固醇的作用，这样就减缓和组织了动脉粥样硬化的发生和发展。

对于载脂蛋白家族的这两兄弟，燕麦 β－葡聚糖的态度截然不同，研究表明不同剂量的 β－葡聚糖都能降低血浆中的 ApoB 水平，而对 ApoA 则没有显著影响。

以上这两个过程，就是燕麦 β－葡聚糖降血脂作用机理的简单描述，即 β－葡聚糖在肠道内形成高黏度环境，包裹食糜，阻碍脂质吸收和分布，从而调节脂质代谢。

三、多面出击降血糖

血糖是糖尿病监测的基本指标，机体中血糖的调节主要依赖激素和食物调节。

（一）恢复胰岛 β 细胞能力，对抗 IR

在人体内，胰岛素是唯一可以降低血糖的激素，它由胰岛 β 细胞合成

并分泌。糖尿病发病的两个基本特征是胰岛素抵抗(IR)和胰岛素分泌缺陷。其中,IR 是胰岛素效应器官或部位对其生理作用不敏感的一种病理生理状态。绝大多数Ⅱ型糖尿病患者和肥胖者都可见 IR 现象,发生后,胰岛 β 细胞代偿性增生,附着加重,最后功能耗竭,机体处理糖能力下降,糖尿病发生或病情加重。燕麦 β－葡聚糖可以恢复胰岛 β 细胞能力,增强胰岛素的敏感性,改善胰岛素抵抗现象。同时,燕麦 β－葡聚糖对肝糖原和肌糖原的合成均有促进作用,可以通过增加这两者的含量降低血糖,并使 IR 现象得到改善。

(二)加强糖酵解、抑制多糖酶

食物对血糖的调节主要在于食物的消化吸收速率和利用率,食物中的碳水化合物含量、类型及物理性状都会影响血糖水平。 β－葡聚糖可以加强糖酵解,降低血糖。同时, β－葡聚糖可以抑制肠道内将多糖、寡糖和双糖消化为葡萄糖、果糖和单糖的酶,抑制餐后高血糖,从而改善过度的胰岛素反应，控制血糖；β－葡聚糖还减少蔗糖酶、麦芽糖酶、乳糖酶的作用，使碳水化合物的消化过程延长在整个小肠进行，使餐后血糖升高幅度降低，缓解糖尿病症状。

在人体中，胰岛素就像是承担血糖分解任务的劳动者，每当饭后血糖值升高，它就要奋力工作在最短的时间内将这个值平复到正常水平。如果我们长期食用血糖指数高的食品，日积月累的高强度工作会使胰岛素这位劳动者“过劳死”，这一人体唯一降低血糖的激素如果缺席，后果是血糖值无法控制进而引发人体功能紊乱，危害健康。研究证明，β－葡聚糖可以作为一种低血糖指数物质在食物中添加，可以使食物中的葡萄糖平缓的释放在体内，胰岛素这位劳动者可以从容的工作，始终坚守岗位，保持机体的正常运转。

2011年，中国各省区的490名Ⅱ型糖尿病患者应邀来到阴山南麓的包头市，统一食宿，参与北京大学营养与食品卫生学系李勇教授主持的一项课题——裸燕麦对Ⅱ型糖尿病的防治作用研究试验。

患者被随机分为常规对照组、单纯饮食控制组、50克裸燕麦组、100克裸燕麦干预组，项目饮食中采用的裸燕麦是经过国家专利技术处理的燕麦米，保留了燕麦的胚芽和原有营养。

一个月的试验期过去了，试验前后体检指标的对比呈现出了具有统计学意义的差异。空腹血糖和餐后两小时血糖的变化情况是：与常规对照组相比，其他3组都有明显的下降，其中，100克裸燕麦组比单纯饮食控制组下降的情况更为明显。糖化血红蛋白的变化情况是：常规对照组上升了0.03个百分点，其他3组都有所下降，50克裸燕麦组和100克裸燕麦组下降幅度更大，是单纯饮食控制组的1倍以上；胰岛素抵抗指数前后变化的情况是：单纯饮食控制组和50克、100克裸燕麦组都得到了不同程度的改善，100克组的改善作用优于所有的组。

综合对本次试验中其他指标的对比以及后续的跟踪调查，得出了这样的一个结论：饮食控制是Ⅱ型糖尿病防治的重要措施，裸燕麦有明显的调节血糖和改善胰岛素抵抗的作用，每天以50~100克裸燕麦代替相同量的其他主食对Ⅱ型糖尿病具有明显的防治效果。

生活水平提升的同时，生命质量却并没有随之增长，在诸多的被称为“富贵病”的慢性病中，糖尿病较为典型，患病元凶常被指为过于优裕的生活。近30年来，我国糖尿病患病率显著增加。1980年，全国14省市30万人的流行病学资料显示，糖尿病的患病率为0.7%。但在2007—2008年由中华医学会糖尿病学分会组织的 对全国14个省市进行的糖尿病的流行病学调查中，我国20岁以上的成年人糖尿病患病率已经达到9.7%。2010年，由中华医学会糖尿病学分会和国际糖尿病联合会联合发布的一项对中国糖尿病经济社会影响研究的结果显示，中国糖尿病患者人数居全球之冠，达到了9 240万人，以此估计中国糖尿病导致的直接医疗开支占全国医疗总开支的13%，到2025年中国仍将是拥有糖尿病患者人数最多的国家，这已经成为公共卫生领域的一大难题。

四、免疫细胞的好朋友和联络员

免疫系统是机体执行免疫应答及免疫功能的一个重要系统，是防卫病原体入侵最有效的武器，它能发现并清除异物、外来病原微生物等引起内环境波动的因素。免疫细胞就是这个系统重要的组成部分。很多文献报道，来自微生物诸如酵母、真菌和存在于菌菇类的 β-葡聚糖具有显著的免疫增强功能。长期的研究发现 β-葡聚糖是免疫系统有力的刺激因子，能够激活特定免疫细胞，使之释放细胞因子，这些细胞因子传递信息给相应的免疫细胞，从而活化免疫细胞间的协调和相互作用，激活整个免疫系统对抗外来侵害，达到对恶性肿瘤和癌症的预防和治疗功效。相比于微生物中的 β－葡聚糖，燕麦 β－葡聚糖具有更好的水溶性。

当身体中的抗体和小分子血清蛋白与癌细胞相结合，即对需要杀死的细胞进行了标记。众所周知，巨噬细胞是恶性肿瘤细胞非专一细胞毒素，它还能吸引免疫活性细胞和其他白细胞，从而促进伤口愈合和更新肌体组织。燕麦 β－葡聚糖的化学机构可以被巨噬细胞表面受体识别从而与巨噬细胞结合，促进其繁殖，增强其活力，增强对外来微生物或受感染细胞的破坏能力。

在这个过程里，燕麦 β－葡聚糖是免疫细胞的好朋友。当人体中有坏死组织、细菌和异己物质出现时，β－葡聚糖就去叫醒巨噬细胞，并给予帮助，让它精神百倍地吞噬这些入侵者。同时，它还会积极地联络其他白细胞加入这场战斗，并齐心协力尽快修复入侵者造成的破坏。

有研究证明，燕麦 β－葡聚糖有助于加快伤口愈合，在愈合的各个阶段都起作用，可以增加伤口愈合概率。

如何提升国人生命质量，破解随着生活水平提升而来的慢性病高发困局？流行病学统计表明，膳食中摄入较多的全谷物食品，可以保护机体免受自由基伤害，还可抵抗一些慢性病如冠心病、糖尿病、癌症等。全谷物食品含有丰富、常见及一些独特的抗氧化成分，作为日常抗氧化剂的摄入来源也较为方便。2010 年，欧盟健康谷物协会对全谷物的定义是包括去除谷物外壳等不可食部分后的完整结构；加工过程中损失量不能超过谷物的 2%，麸皮损失量不能超过麸皮总量的 10%，仅以去除细菌、霉菌、农药残留及重金属等杂质。美国和北欧进行的流行病调查结果显示，食用全谷物食品可使卒中危险降低30%～36%，Ⅱ型糖尿病危险降低21%～30%，心脏病危险降低25%～28%。而燕麦作为全谷物的佼佼者，1997年就被美国食品药品监督管理局认证为是唯一适用于血脂异常、糖尿病人群的功能性谷物。在美国、日本、韩国、加拿大、法国等国家，燕麦被誉为“家庭医生”、“植物黄金”。

燕麦家族，仿若蝴蝶效应般，和慢性病防治、国民健康质量紧紧的联系在了一起。

美 容

我们已经了解到，作为食物，燕麦和人类的渊源可追溯到两千年前，其营养价值已在世界范围内得到共识。而近年来，燕麦再次受到女性的钟爱，却源于对其美容美发护肤等功能的开发利用。有研究证实，燕麦能减轻皮肤的不适感、刺激和炎症，也能够防止紫外线、污染、烟、细菌和自由基等环境因素对皮肤和毛发的损害。

燕麦与天空一同成长

一、护肤

“天然美容师”燕麦含有很多可有效改善皮肤的营养成分，如燕麦蛋白、燕麦肽、燕麦－β 葡聚糖、燕麦油等，具有抗氧化功效、增加肌肤活性、延缓肌肤衰老、保湿美白等功效。此外，燕麦纤维的存在，能有效清除深层皮肤的污垢，具有很好的清洁作用。

燕麦含有维生素 E 等多种抗氧化剂，可用来对抗皮肤衰老。从燕麦中提取的有效营养成分，被广泛添加于各种护肤产品中。特别值得一提的是，燕麦油能乳化大量水分，形成皮肤表面的保护膜，有效保湿，并减轻皮肤老化、防止紫外线损害、促进皮肤代谢。

燕麦 β－葡聚糖，可谓神奇的物质，它所含有的大量亲水基团，可以吸收水分或锁住皮肤角质层水分，可以促进成纤维细胞合成胶原蛋白，具有良好的皮肤修复功能。此外，燕麦 β－葡聚糖特有的理化性状，能赋予皮肤光滑如丝绸般的质感。

蛋白质是燕麦最主要的成分之一，蛋白质经酶解可得到小分子的肽和氨基酸，这一类分子中都含有亲水基团，可以吸收水分或锁住皮肤角质层水分，具有非常好的保湿功效。大分子量的燕麦蛋白可以在较低浓度下成膜，起到包埋或隔离小分子物质的作用，可快速传递活性成分或定时释放，改善发质和皮肤的干涩。蛋白质、多肽和氨基酸还是组织和细胞生长发育必需的营养物质，在化妆品中添加这些物质，还可以滋润肌肤、营养细胞、促进皮肤组织健康的生长发育。

燕麦富含优质油脂，主要由不饱和脂肪酸组成，燕麦油脂质成分和水合特性能在油中乳化大量的水分，可以作为表皮层水合保湿剂的有效载体；燕麦油还可以在皮肤表面形成一层油膜，起到长效保湿的作用；燕麦精油中的不饱和脂肪酸成分，能够软化皮肤，滋润养颜，给予舒适的肤感。

皮肤的颜色主要决定于表皮内黑色素含量的多少。人体中的黑色素是由黑色素细胞产生的，在黑色素细胞内，酪氨酸在酪氨酸酶等的催化下经过一系列生化反应生成黑色素。在黑色素的形成反应中，酪氨酸酶是主要的限速酶，抑制酪氨酸酶的活性即可抑制黑色素的生成，同时，抗氧化剂能够抑制黑色素生成的生化反应，因而也可以减少黑色素的形成。

燕麦提取物中含有大量的能够抑制酪氨酸酶活性的生物活性成分，其抑制能力与现在化妆品常用的美白剂——熊果苷接近，这表明燕麦提取物的美白功效与熊果苷相当，但燕麦提取物的成本要比熊果苷低得多。此外，燕麦中含有大量的抗氧化成分，这些物质可以有效地抑制黑色素形成过程中氧化还原反应的进行，减少黑色素的形成，淡化色斑，保持白皙靓丽的皮肤。

燕麦中含有大量的抗氧化物质，包括酚酸类如咖啡酸、香豆酸、安息香酸、香草酸等，以及类黄酮化合物和维生素 E、燕麦蒽酰胺等物质，可以有效地清除自由基，减少自由基对皮肤细胞的伤害，减少皱纹的出现，淡化色斑，保持皮肤富有弹性和光泽。这里要提到燕麦蒽酰胺，又称燕麦生物碱，是燕麦特有的物质，不仅具有清除自由基抗皱的功效，还具有抗刺激的特性，尤其当紫外线照射对皮肤产生不利作用时，它具有有效去除皮肤表面泛红的功能，对过敏性皮肤具有优异的护理作用。

以燕麦自制普通护肤面膜，做法很简单，坚持用会有不错的效果。取燕麦粉若干，加入纯净水在锅中煮 5 分钟至糊状，晾凉搁置待用。洁面后，将糊糊面膜均匀涂抹在脸上，15 分钟之后温水清洁脸部，可滋润、紧致皮肤。其实，平时煲煮燕麦粥，可沥出清汤用来做简单面膜，敷面或者沐浴，均可清洁润滑皮肤，也可添加牛奶、蜂蜜、柠檬、蛋清、橄榄油等，当然，要根据个人的肤质慎用。

二、护发

有这样一段对话,风靡网络:

问:待我长发及腰,将军归来可好?……江南晚来客,红绳结发梢。

答:待卿长发及腰,我必凯旋回朝。……盼携手终老,愿与子同袍。

多么美好的画面,长发及腰的女子,裙裾翩跹,殷殷相思,归期有期。

古往今来,一头顺滑而有光泽的长发,大约是每个女子所向往的。但是,无论长发、短发,还是盘发、直发或麻花辫,都需要有一头亮泽柔韧的好发。发质、发型、发量,不同程度地影响人的形象。说到头发,不同的词汇可以引起迥然不同的联想,比如“长发飘飘”、“秀发垂肩”、“秀发如云”,是美丽的,而“发如枯草”、“首如飞蓬”却不能引起美感……可见头发的疏密、质量和外观,无论男女老少很大程度上影响着人的容貌和精神气质。

因此,洗护发产品在日化和美容行业一直占有很大的比重。健康的头发表层有完整的毛鳞片,使用洗发水时毛鳞片不同程度地打开,头发得以清洁。但是,头发会有涩感。关闭毛鳞片也需要一定的时间,这个时段头发易损伤。在日常生活中,头发常常受到损伤,不及时护理,就会影响美观,伤及健康。

头发的基本成分是角质蛋白,燕麦蛋白质具有优异的成膜功能,可在头发表面形成保护膜,润滑头发表层,减少摩擦力,从而减少因梳理等引起的头发损伤。燕麦蛋白质类还可以提供营养,促进头发的健康生长。

头发含水量的变化对头发质量和表观性状影响很大,如果头发吸水过多,会导致头发内蛋白质间氢键的破坏,从而使原有的发型及体积发生变化,甚至产生梳理困难等现象;如果头发失水过多,头发过度干燥,头发静电增加，导致乱发、飘发、枯发等现象。燕麦蛋白质在头发表面形成保护膜，保持头发内水分的相对稳定，从而保持头发的光滑、柔顺和亮泽。

生 态

说起“全价营养的种子”燕麦的营养保健价值，几乎已获得公认。而近年来，燕麦在解决水土保持中的潜在价值也渐渐得到认同。因此，在土地沙化、草地退化的大西北，根据当地的地理环境和气候条件，大面积推广具有经济价值的裸燕麦种植，既是特色农业、节约型农业，也是治理荒漠化的一个有效举措——燕麦，还是一粒改变生态的种子。

生态环境的恶化，是中国乃至世界遭遇的关键性挑战之一，世界范围内荒漠化形式十分严峻，而中国西部地区的荒漠化现象尤为突出。统计数据显示，全国水土流失面积为360多万平方公里，西部占80%；全国每年新增荒漠化土地面积绝大部分也在西部；此外，还有32万平方公里的土地处于生态脆弱带，存在潜在的沙化危机。

“一片荒凉的盐碱地，只有稀稀落落的几棵芦苇，到处是碱包。在地上抓起一把，全是沙；风一吹，黄沙漫天”——亲历者如是喟叹。研究人员十多年来探索燕麦的适应性、在苛刻条件下的生长以及它对盐碱土壤、风沙、干旱等生态的影响。裸燕麦具有得天独厚的生存优势，根系发达、吸收力强、根冠比一般作物大，叶面积小、光合生产率高、在干旱条件下调节水分能力较强，所以具有喜寒凉、耐干旱、耐土壤瘠薄、耐适度盐碱、抗蚀保水土、简耕节肥、生长期短的特性，具有广泛的生态适应性。也因此，燕麦适合中国西部地区种植，遍及各山区、高原和北部高寒地带，面积相对较广，目前，燕麦已经种到青海等高海拔地区。

小小燕麦在旱地、盐碱地、滩涂地和退化草原等生态薄弱地区仍旧顽强生长，创造了一个又一个生命奇迹。大面积的燕麦种植，增加了植被覆盖；收割后留茬，可减少冬春季节扬尘；燕麦可粮可草，如用作牧草，可以减少直接放牧对生态的破坏，如此，可有效地控制荒漠化，促进西部农业生态的恢复与改善；最重要的是，燕麦粮草兼用，既是农牧交错区的主要食粮，也是牲畜的优质饲料，其秸秆还能制造高级纸张，有巨大的生态效益。如果再配合其他耐旱作物和农业技术，对当地生态建设的推动力将十分明显。不仅如此，在燕麦生长的地方，其周围的杂草也长得非常好，这对改善脆弱的生态环境具有重要意义。比如，“冬眠燕麦”可在秋季播种，冬眠的种子在春节出苗，可避免公害，提高产量。如果 3～5 年连续种植，既保持野生性又具备栽培性，可夏收粮，秋收草，农牧兼顾，更重要的是还能退耕还草，改善种植结构，促进农牧业可持续发展。

“物种的演化史其实就是一部大浪淘沙的恢弘史诗，最终留下来的物种其生命密码中必然蕴藏着某种玄机——符合自然法则、不断适应生存土壤、气候、空间等生存环境要素变化要求的基因表达。”燕麦特殊的生长机理，决定了它必然会生长在尚未被现代工业文明覆盖与污染的广阔的西北地区，并且在它的生长过程中几乎不需要施加化肥、农药——这些现代农业须臾也离不开的“法宝”，仅依靠天然降水即可满足它的存活与生长需求。实验证实，追施化肥的燕麦与自然生长的燕麦比较，产量不增反减，减产幅度在 30%上下；不用化肥，即可生产出绿色燕麦或有机燕麦。还有，燕麦所具有的抗性性状主要包括抗病性、抗旱性和抗寒性，燕麦种质资源中丰富的抗性基因资源，是燕麦适应不同地理气候区域以及不良外界环境条件的基础。

更为可喜的是，燕麦不仅适应性强，还是一种产量较高的粮、饲兼用绿色作物。燕麦的饲用价值，主要在燕麦的茎叶。燕麦叶和秸秆多汁柔嫩，适口性好。据《家畜饲养学》报道，裸燕麦秸秆中含粗蛋白、粗脂肪和无氮抽出物比例均比谷草、麦草、玉米秆高，是最好的饲草之一，其籽实是家畜家禽的优质饲料。

在当下，"绿色"、"低碳"等生态意识已然觉醒，无论是在粮食安全还是在环境保护方面，燕麦是当之无愧的"绿色和谐作物"。

解码燕麦基因，它似乎天生就是为严酷的自然条件而生、为贫瘠的荒漠土地而生，始终如一的品性坚守，让 21 世纪的中国大地留下了一抹优雅的绿色。

当我们驻足三主粮天然燕麦种植基地，当我们在网上检索到种类繁多的燕麦米养生粥谱，当我们在超市的货架上看到燕麦酒、燕麦皂、燕麦饼干，我们不由地得出一个结论，燕麦，已经在一次次变身中走出燕麦谷。理所当然地，对燕麦产业的过往将来，要留下我们的思考和参与。

天地同色

在中国燕麦谷中绵延的秦长城

7

燕麦产业前景

据估计，人类曾经栽培过 3 000 种左右的植物，经过淘汰、筛选、传播和交流，其中，遍布全球的大约有 150 多种，而目前世界人口的主要衣食来源仅依靠 15 种左右的农作物，燕麦位列其中。作为一种古老的农作物，中国燕麦种植历史可以追溯到两千多年前。然而半个世纪前，燕麦仅种植于古长城以北的偏远高寒山区与贫穷落后地带，在科研领域，属小宗作物的燕麦一度备受冷落。

我们在《中国燕麦的焦灼与躁动》,一文中了解到：

我国燕麦种植面积约 70 万公顷，占我国耕地面积的 0.57%，占粮食总产量的 0.2%，属于小宗特色农作物品种。燕麦总产量 85 万吨左右，总产值约 27.3 亿元。我国燕麦还不能自给，需要从国外进口。燕麦加工企业普遍属于中小型企业，并且许多加工设备都没有实现自动化，燕麦产品的开发还比较传统，产品的类型还比较单一，加工工艺技术还有待进一步提高。

这些数字和结论，告诉我们中国燕麦在综合利用方面尚处于起步阶段，没有跳出传统的框架，生产不能自给自足，产品类型单一，加工技艺落后……这足以让我们心生忧患。

一

在中国，燕麦一直属于杂粮，受这一传统观念的影响，销路窄，导致企业效益较差。据相关资料介绍，中国燕麦首批规模型加工企业约诞生于 20 世纪 90 年代中期，开始产品仅为简单的粗加工，燕麦产品的开发还比较传统，类型比较单一，加工工艺和技术还有待进一步提高。中国燕麦生产还不能自给，需要进口，目前，国家政策大力支持燕麦生产加工，这将为中国燕麦产业大发展带来机遇。

随着中国留学人员的归国和国际合作的开展，逐渐掀起了一股燕麦研究热潮，使得人们重新认识了这一古老物种，燕麦加工企业如雨后春笋般地出现了。据国家燕麦产业技术体系燕麦加工团队不完全统计，全国规模型以上燕麦加工企业有100多家，主要集中在河北、广东、山西和内蒙古等地。就其加工产品来看，北方偏向于粗加工，产品大致为燕麦片、燕麦粉等；南方偏向于精加工，产品大致为燕麦纤维、燕麦豆奶、燕麦茶、燕麦饮料、燕麦酒、燕麦保健品等；此外，一些企业对燕麦做了进一步的深加工，产品包括燕麦 β－葡聚糖、燕麦膳食纤维、燕麦香精、燕麦洗涤用品、燕麦美容美发产品，深受消费者喜爱。就其建厂时间来看，大部分企业都建立在最近十年，且近几年呈上升趋势。

西北农林科技大学胡新中博士曾提出，目前，我国燕麦产业面临以下五个问题，即栽培技术研究水平落后，高产优质燕麦品种缺乏，病虫草害防治技术差距大，燕麦加工与综合利用研究力量不足，缺乏系统完善的燕麦基本信息等，中国燕麦产业要与世界水平比肩，必须尽快补齐这“五大短板”。

欧洲和美国等发达国家早在150年前就开展了燕麦新产品的研究工作，燕麦在食品、化妆品、药品生产上得以广泛应用。在欧洲、美国和加拿大的超市内，随处可见多种多样的燕麦产品，仅加拿大已有170余种燕麦食品上市，可见在国外，燕麦产品之多、食用之寻常。尽管国内外燕麦加工与消费差距很大，但是随着燕麦从业人员与国外先进企业的交流学习，以及燕麦科研人员的深入探讨，中国燕麦产业必将有进一步的发展。

十年来，中国农业部制定了《中国燕麦产业化发展规划》，对燕麦产业的研究和实践给予了有力支持。目前，已收集种质资源2 000多份，其中的

势头强劲

一些优异种质可供生产和育种项目利用，并取得了显著的社会经济效益。据报道，目前，内蒙古燕麦杂交人工授粉技术处于国内领先水平，内蒙古自治区农牧业科学院研究的燕麦杂交结实率接近100%，并已经作为农业部重点研究专题“燕麦新品种选育”的主持单位。

同时，燕麦在食品应用、添加剂、化妆品领域也出现了新的发展机遇，欧盟、美国以及中国的科学家对世界燕麦生产、消费和加工的趋势情况进行了全面的研究，这将为燕麦事业在全球的进一步发展拉开序幕。

二

近十年中国燕麦产业发展较快，如果能够将现有资源进行有效整合利用，创建中国的燕麦产业链，将是西部经济发展的一个生长点。

有关研究资料表明，中国燕麦产业化发展方向，将以燕麦米的加工利用为牵引，围绕食用消费和非食品加工领域，持续深入推进。

燕麦的食用消费方面，主要概括为3个系列：一是纯燕麦制品系列，这一类产品主要指传统燕麦片、燕麦粉、切粒燕麦，以及新近颇受消费者喜欢的燕麦米等；二是加工燕麦食品系列，以燕麦为主要原料，配以其他食用原料加工而成的方便食品与即食食品，重在方便快捷，有即食营养燕麦片、燕麦面包、燕麦蛋糕、燕麦饼干、燕麦方便面、燕麦饮料、婴儿燕麦粉、燕麦啤酒等；三是燕麦功能食品系列，指运用现代分离、提取、重组、制造技术以及新型的高新加工技术对燕麦进行深加工，包括从燕麦中提取具有特定生理活性的物质以及由此加工的食品，比如燕麦 β－葡聚糖、燕麦淀粉、燕麦蛋白及燕麦肽的提取等。

燕麦的非食品加工方面，主要包括以下 5 个系列。

其一，化妆品上的应用。含有燕麦成分的化妆品或盥洗用品；含有燕麦提取物的皮肤护理液、冷霜、唇膏等；含有燕麦油的肥皂；含有燕麦活性成分的肥皂、洗发水、沐浴乳系列产品；含有天然或水解状态的燕麦蛋白的洗发和皮肤护理用品；含有一定比例燕麦淀粉的化妆品，以代替以往化妆品中含有的对健康有一定害处的滑石粉。

其二，医药上的应用。燕麦中天然存在的一些成分为其作为潜在的“健康”产品原料提供了支持。例如，具有降血脂功能的 β－葡聚糖和具有抗氧化作用的生育酚，用于降低烟瘾的燕麦植株提取物，以及用于预防龋齿的燕麦壳中的成分等。

其三，功能食品上的应用。一些从燕麦中衍生出来的成分，比如，燕麦及其成分中含有的著名的天然抗氧化剂——高浓度的生育酚和酚类物质，以及作为食品增稠剂和稳定剂的燕麦胶，作为食品中的功能性蛋白配料的改性的燕麦蛋白等。

其四，化学品上的应用。燕麦壳是生产糠醛的原料之一，燕麦壳生产糠醛的副产物可用来制备胶合板用胶水的添加剂；此外，燕麦本身也能直接用来生产黏合剂，燕麦淀粉在造纸工业上的应用可能具有一定前景。

其五，利用燕麦淀粉与其他可降解填充剂一起制成了生物可降解塑料，利用燕麦蛋白开发出农业化学品的载体和缓释剂等。

三

燕麦产业的发展，离不开龙头企业的引领。

内蒙古三主粮集团，以燕麦综合开发推动西部荒漠化治理为产业定位，构建了燕麦繁育、种植、研发、加工、销售一体化的现代农业产业化经营模式，不断开拓创新，发展为内蒙古农牧业产业化重点龙头企业。

三主粮集团的发展立足于燕麦这一古老作物的研发，破冰于攻克"全胚芽燕麦米"专利技术，这几乎是燕麦加工破茧化蝶般的飞跃，在中国燕麦发展史上写下浓墨重彩的一笔；致力于燕麦产业链延伸和全国市场拓展，经过多年研究，开发了燕麦粟、燕麦纤维等莜麦高附加值产品，并通过了有机食品认证，食品安全管理体系认证和质量管理体系认证，产品拥有较高的市场知名度和美誉度。

数年间，三主粮集团持续引领中国燕麦产业的发展。一方面，不断用自主研发的高附加值燕麦产品拓宽市场路径；另一方面，致力于打造规模化、绿色有机燕麦生产基地。这体现着新型农业经营体系的特征，在燕麦产业链条上双向舒展，正在阴山之北的燕麦谷实践着新型农业经营之路——

其一，持续打造规模适度的天然燕麦生产基地。在三主粮固阳天然燕

麦种植基地，由当地农户自愿流转而来的两万亩土地，经过大型喷灌设施的改造，统一经营和管理后，按照公司要求的无农药喷洒、施用农家肥，实现了标准化种植。集约化的生产，是公司产品在田间地头“第一车间”的质量，也增加了农民的收入。这种成熟的基地建设经验，正在适合燕麦生长的多地域复制。

其二，种粮大户担任合作社负责人。三主粮天然燕麦种植基地由包头市固阳三主粮农牧业专业合作社统一经营，而合作社负责人，正是当地有名的种粮能手。基地种植由经验丰富的种粮大户牵头，种植到收获有了专业技术的保障。三主粮作为农业产业化龙头企业，在这里和合作社形成深度融合。

其三，牵引着从燕麦生产到加工及产品研发等各个环节。三主粮集团高附加值的产品研发和多元化的产品供给，有效撬动了市场需求，而市场需求对燕麦生产形成的倒逼机制，拉动燕麦种植面积的扩大。在燕麦生产的最前端，农民将土地流转给合作社即可得到土地租金，同时那些不愿离开土地者还可受雇于合作社挣得劳动报酬，稳定的收益替代了旱作农业靠天吃饭，农民和企业在这里形成了一个较为合理的利益联结机制。

种植和研发可谓三主粮集团的两翼。与内蒙古农业大学燕麦产业研究

三主粮天然燕麦种植基地

中心合作建立燕麦(莜麦)技术研发中心,与北京大学、内蒙古农业大学等国内多家科研院所强强联合,先后承担了多项国家级、省级科研项目,取得了一系列重要成果,特别是莜麦产品深加工技术和加工设备的研究开发水平处于行业内的先进地位,自主研发的燕麦剥皮技术获得国家发明专利,燕麦剥皮设备获得实用新型专利。

三主粮系列产品主要有:全胚芽裸燕麦米、燕麦蛋白水晶香脂、三主粮燕麦八宝粥、三主粮燕麦谷物粥、三主粮燕麦谷物饼、三主粮燕麦薄脆饼、三主粮上谷泉燕麦酒、三主粮燕麦纤维等保健品。其中,三主粮全胚芽燕麦粟开启了燕麦食用的新纪元。

三主粮纯莜面的出品,是三主粮集团市场拓展及产业链延伸的又一创新之举。传统的燕麦粉加工业占到国内燕麦加工总量的80%左右,目前每年燕麦粉需求量在20万吨以上,但进入流通领域的燕麦粉大约仅5万吨。因此,燕麦制粉行业需要强化对市场的细分和量化研究,以满足市场对燕麦粉质量的需求。优质燕麦粉,在不添加任何其他面粉或添加剂的情形下,可用于制作高营养的传统面制食品,或制作焙烤食品,也可作为即食早餐食品。但是现在市场上燕麦粉掺假严重,口感较差,营养价值不高,产品档次上不去;加工工艺缺乏关键设备,燕麦炒制设备太简陋、制粉设备粗糙,产品规格单一。所以燕麦虽然营养价值高,但是多年来,多为产区作坊式加工,没有形成规模加工和工厂化生产,食用更是局限在民间。而三主粮纯莜面,以先进和完备的流水线加工技术和工艺,保证燕麦粉的品种和质量,使天然燕麦资源得到更好的开发。

燕麦粟和零添加纯莜面,兼顾南方人喜米食而北方人爱面食的饮食习惯,离实现燕麦成为"第三主粮"的目标,又近了一步。

四

实践离不开理论指导，燕麦科研推动着燕麦产业的不断发展。但是，一直以来燕麦研究力量薄弱，没有形成种植、加工与研究的整合力。

比如，产业加工能力及数据不完全清楚，国内燕麦企业规模及产品数据库尚未建立，燕麦产品功能评价研究还不深入，不能提供第一手的人群实验报告；燕麦和燕麦产品的质量标准，燕麦品种的品质状况和加工适应性还不清楚，不能为不同用途客户提供专用品种，需要建立燕麦品种品质与加工数据库。又如，中小型企业与科研单位的交流还不够，需要进一步构建产学研有机结合的产业技术体系。

因此，燕麦科研应该从以下几个方面进一步加强。

一是全国范围内燕麦品种的评价、种植和加工区域化。要收集、评价、整理现有的燕麦品种以及野燕麦资源，建立数据库，为进一步开发利用种质资源打下基础。

三主粮燕麦种植基地喷灌作业

二是加强国际合作交流，积极参加国际燕麦合作组织机构，参与国际性燕麦技术和企业发展计划的制定，充分利用世界各国丰富的燕麦种质资源这一宝库。

三是积极开展我国的燕麦基础研究，借鉴其他作物的研究成果应用于燕麦研究、加快燕麦育种步伐。研发符合我国饮食习惯的燕麦产品，如杂粮面条、燕麦酒等，推动燕麦在中国的市场化。

四是广泛宣传燕麦低碳环保的品质和独特的保健功能，让越来越多的人了解燕麦在中国大范围解决旱地、瘠薄地、盐碱地和退化草原生态恢复与重建方面的价值，让越来越多的人选择燕麦作为常食的主粮。

目前，国家设立燕麦科研专项资助，形成了诸多具有明显风格的燕麦研发团队，各项目参加单位密切合作，在燕麦育种、遗传、加工，生态适应性、抗性生理，良种培育、繁殖，种子收获、加工和质检、物种资源收集、保存、鉴定和评价等方面进行了广泛的研究和试验。

近十年来，“营养农业”备受青睐，燕麦的优势逐渐得到重视，政府、科研单位、龙头企业形成合力，有力地推动着燕麦产业化的进程，中国燕麦产业已经走出困境，在种植、研发、深加工等各领域都有长足的发展。特别是三主粮燕麦米、三主粮纯莜面的成规模生产，将有可能促进大面积推广种植燕麦，促进燕麦加工和大农业、燕麦和农业可持续发展结合起来，激活中国巨大的消费市场需求，也许，将有望实现燕麦的整体开发，为燕麦带来发展的春天。

古老的绿色和谐作物燕麦，正悄悄跻身第三主粮产业，焕发出新的生命力！

结 语

中国燕麦谷，是中准的一个命题。当若干年后的云雾飘过燕麦谷的上空时，也许这里的山川、原野、以及在谷中生存的人们，已经随着此概念的演绎、生成，而发生了些许的变化。

心有善念，路途定会顺畅。两辆越野车，一行七八人，在绵延不绝的中国燕麦谷完成了书写中国裸燕麦的开篇。

开篇过后，续接的将是所在地的政府、企业、农民三方激情有序的互动，他们的力度将决定中国燕麦谷的走向，他们的所为将成为中国燕麦谷的作为。

壮美中国燕麦谷

参考文献

敖其，宝力格.2010.内蒙古中西部莜麦种植加工技艺变迁.西北民族研究(3):194-198,204

白俐.2010.燕麦：九粮之尊.粮油市场报 4(15)

崔林，刘龙龙.2009. 中国燕麦品种资源的研究. 现代农业科学(11)120-123

俄尼·牧莎斯加.2004 神灵的燕麦.含笑花(1)

龚海，李成雄，王雁丽.1999.燕麦品种资源品质分析 27(2)：16-19

郭文场，丁向清，刘佳贺等.2012.中国燕麦种质资源及其栽培和利用.特种经济动植物 (3)：36-37

金达,吕寄亮.2008.一粒改变生态的种子.中国质量报 8(25)

郝诚之.2011.从“塞外一宝”到擎天一柱——对内蒙古绿色食品燕麦产业化开发的调查思考.内蒙古区情网

胡新中,徐莹.2010.燕麦粉是如何加工的.中国食品质量报.7

胡新中,魏益民,任长忠.2009.燕麦品质与加工.北京：科学出版社

胡新中.2010.燕麦：外面的世界很精彩.粮油市场报 4(15)

罗飞. 2007.穿越边界. 中国改革报

路长喜,周素梅,王岸娜.2008.燕麦的营养与加工, 粮油加工 1:89-92

刘旭.2012.中国作物栽培历史的阶段划分和传统农业形成与发展.中国农史 2:13-16

刘迎春,周青平.2011.燕麦研究最新进展.青海科技(6)：20-23

刘悦. 2013.燕麦莜香. 北京晚报.

李颖, 毛培胜.2013. 燕麦种质资源研究进展. 安徽农业科学 41 (1)：72-76

李芳,刘刚,刘英等.2007。燕麦的综合开发与利用.武汉工业学院学报(3):23-26

雷霆.2011.这满梁的莜麦要远走他乡.星星诗刊 8

孟宏,董银卯.2010.合不拢的燕麦书.北京:中国轻工业出版社

任长忠,胡新中.2009.中国燕麦栽培状况.中国食品质量报 3(3)

任长忠.2010.中国燕麦的焦灼与躁动.粮油市场报 4(15)

任清,赵世锋,田益玲.2011.燕麦生产与综合加工利用.北京:中国农业科学技术出版社

孙立本.2012.燕麦.诗歌月刊 4

孙莱芙.2011.莜麦谣. http://sunlaifusy.blog.163.com/blog

王占斌.2011.莜麦与荞麦.黄河 4

王克强,谢峰,李继海.2009.不种莜麦产莜面.人民日报 1(4)

王仁湘.2006.传承的神韵·华夏盛宴——从考古看中国古代的饮食文化.北京:中国人民大学出版社

王薇.2010.燕麦小作物已成大产业.中国食品报 11(2)

温国.2010.莜麦志.延安文学.

温新阶.2005.风吹燕麦.长江文艺 9

徐凯.2012.莜麦飘香.食品与健康 4

杨海鹏,孙泽民. 1989.中国燕麦.北京:中国农业出版社

杨才.2010.燕麦与莜麦的关系与区别.中国食品质量报 8(10)

杨学超.2009 .燕麦:抗旱、抗寒、耐瘠薄的绿色作物.中国食品质量报 11(10)

杨学超.2009.内蒙古:莜麦之乡.中国食品质量报 11 (17)

周素梅,申瑞玲.2009.燕麦的营养及其加工利用.北京:化学工业出版社

赵秀芳,戎郁萍,赵来喜.2007.我国燕麦种质资源的收集和评价.草业科学 24(3)

张跃良.2013.孙治:向荒漠要财富,打造第三主粮.中国工业报 1 (9)

朱太平,刘亮,朱明.2007,中国植物资源. 北京:科学出版社.

张崇竹.2011.第三主粮迎来发展春天.人民日报 7(10)

郑殿升.2010. 中国燕麦的多样性.植物遗传资源学报 11(3)

子在川上曰. 民以食为天系列之燕麦. http://nengda333.blog.163.com/blog

后记

《寻找中国燕麦谷》一书，在中准传媒领导层的大力支持和特刊部同事的通力合作中，终于完成。

编著此书，缘于罗飞老师在《中国改革报》刊发的《寻找中国燕麦谷》一文。这篇文章发表后引发众多媒体的热议和转载，使中国阴山以北包头市的固阳县和呼和浩特市的武川县以及乌兰察布市乃至锡林郭勒盟一带狭长而广袤的燕麦传统种植区域，以“中国燕麦谷”的姿态重新引起人们的注目；也使内蒙古地区种植历史悠久的农作物莜麦，以“中国裸燕麦”的形象进入更多的视野。

在这样的背景下，中准特刊部的同事怀着一种使命感，着手完成“燕麦谷里话燕麦”的资料收集和实地考察。期间数次走进燕麦谷，在这片土地上驻足、沉思、寻访、记录；也翻开典籍，走进博物馆，叩问燕麦的前世今生。当历史影像和现实场景重重叠加之时，燕麦经由岁月的淘洗磨砺驯育为人类食物的漫长过程清晰呈现，令人不由心生感慨：这一粒其貌不扬的谷物，在内蒙古高原中部发源、成长、蜕变，镌刻着自然的力量、人类文明和文化的印记，何其珍贵！

历经大半年，我们的探寻和思考也暂告一个段落。对燕麦名称、历史、源流的全面追溯，对燕麦播种、初生、成长、成熟过程的细致描述，对传统燕麦面食制作技艺和新型产品燕麦米的加工、食用的介绍，以及燕麦的营养、保健价值的了解，使我们对“中国燕麦谷”产生了更加具体而真切的感悟。中国燕麦谷，这既是一个地理意义的概念，也是一个历史文化意义的概念，随着这个概念的提出和认同，投身农牧业的有志者将看到生机昂然的燕麦产业前景，而内蒙古裸燕麦在中国农业发展格局中也获得清晰定位，绿色粮食和生态农业的梦想，渐行渐近了。

这本书的完成，凝聚了特刊部同事集体的智慧、心血和汗水。从最初的选题和策划，到文献资料的筛选和梳理；从分章撰写初稿，到反复修改、数易其稿；从图片的拍摄和细致精选，以及版面的精心设计，我们既有分工，又精诚协作。一次次真诚地交流，使燕麦的话题越来越丰富充实；一次次思想的碰撞，带来“柳暗花明又一村”的转折和喜悦。在此，要感谢春霞的统筹和支持，感谢春丽、晓娟、占军从不同视角“话燕麦”的智慧，感谢飞军，用镜头生动记录了燕麦的生长和收获，感谢小严、周娜和她的外籍伙伴查阅资料反复斟酌完成英文摘要，感谢小袁、小高一路的陪伴。

在写作中，许多燕麦工作者的专著和论文中的资料和图表、一些作家的诗歌、散文、随笔，以及网络上的相关作品，为本书吸收、借鉴、引用。在此，向这些作者表示衷心地感谢。另外，尽管力图标明引用资料的作者和出处，但还是可能遗漏，对此深表谢意和歉意。因为学识和见识所限，书中难免有错误和疏漏之处，真诚地欢迎方家和读者批评指正。

王朝霞

癸巳年